大きな字だからスグ分かる！
ワード&エクセル かんたん入門

超 まったく初めての人のビギナー本

木村幸子 著

◆ はじめに ◆

　これからワードやエクセルを覚えたいという方は大勢いらっしゃることでしょう。趣味でパソコンを使うのなら、はがきやチラシなどきれいな作品を作りながら、楽しく学ぶのが一番です。この本には、そんな目的のために作りました。

　ワードが全く初めてという方は、最初から順番にお読みください。ワードを少し使ったことがあるという方は、第1編の第2章に進み、まずはがきを作ってみてください。ワードに続けてエクセルも学びたくなったら、続けて第2編を学習しましょう。最後の第3編では、少しチャレンジして、エクセルで作った住所録から、ワードではがきの宛名に住所を印刷します。

　みなさんの日常生活にワードやエクセルを役立てることができますように、本書を通してそのお手伝いができれば幸いです。

木村 幸子

・本書のサポートサイト

本書の追加・修正情報を提供しています。
https://book.mynavi.jp/supportsite/detail/9784839958350.html

本書のご利用にあたっては次の点にご注意ください。

・本書は、2015年秋発売のMicrosoft Office Word 2016、Excel 2016での説明を行っています。
・上記以外でのバージョンでの動作は確認しておりません。また書籍発刊後に発売・提供されるWord、Excelの新バージョンの動作とは異なることがあります。

・本書中に登場する会社名や商品名は一般に各社の商標または登録商標です。
・操作の結果生じたいかなる障害においても、株式会社 マイナビ出版は責任を負いかねます。あらかじめご了承ください。

マウスの操作について

本文中で「🖱を押します」の表記はマウスの左ボタンを1回押す操作です。

「クリック」もしくは「左クリック」は🖱マウスの左ボタンを1回押す操作です。

「右クリック」は🖱マウスの右ボタンを1回押す操作です。

「ダブルクリック」は🖱マウスの左ボタンを2回すばやく押す操作です。

サンプルデータのダウンロードについて

本書では、紙面で解説しているワード・エクセルのデータをダウンロードすることできます。サンプルのデータ名は各Lesson番号の下に表記してあります。お使いのパソコンをインターネットに接続して、以下のURLにアクセスしてください。アクセスにはウェブブラウザーの「Internet Explorer」 または「Microsoft Edge」 をお使いください。

https://book.mynavi.jp/supportsite/detail/9784839958350.html

※Microsoft Word、Excelのソフト本体をダウンロードできるものではありません。
※著作権の都合上、ご提供できないデータもございます。ご了承ください。

大きな字だから
スグ分かる！
ワード＆エクセルかんたん入門

第1編 ワードを使ってみよう ……… 9

第1章 ワードの基本操作を知ろう …… 10

01 ワードを起動・終了しよう …… 10
- ボタンからワード2016を起動する
- ［閉じる］ボタンでワード2016を終了する
- Column 頻繁にワードを使う場合

02 ワードの画面の見方を知ろう …… 12
- ワード2016の基本画面
- Column A4用紙の縦置きが初期設定

03 文書を保存しよう …… 14
- 文書に名前を付けて保存する ● 変更した内容をファイルに上書きする

04 作った文書を開こう …… 16
- ［ドキュメント］フォルダーからファイルを開く
- Column ドキュメント以外の場所にあるファイルを開くには
- Column アイコンをダブルクリックして開く

05 作業が終わった文書を閉じよう …… 18
- ファイルを閉じる
- Column 保存していないデータがある場合は
- Column ワードの作業をすべて終了するには

06 新しく文書を作成しよう …… 20
- 新しい文書を作成する
- Column テンプレートを使ってファイルを新規作成する

第2章 はがきを作ろう …… 22

07 ポイントを確認しよう …… 22
- 横書きのはがきを作ろう ● 縦書きのはがきを作ろう
- Column はがきの宛名面もワードで印刷できる

08 はがきの設定をしよう …… 24
- 用紙サイズをはがきに変更する
- 余白をはがきに合わせて変更する ● 文章を入力する

09 はがきの文面を作ろう — 26
- 書体の種類を変更する ● 文字の色を変更する
- 文章を左右で中央に配置する ● タイトルの文字を大きくする
- タイトルに下線を付ける

Column ● ミニツールバーのボタンを使う

10 文章を図形で囲んでみよう — 30
- 楕円の図形を描く ● 楕円の色を透明にする ● 楕円の大きさを調整する

11 はがきにイラストを入れよう — 32
- イラストを挿入する ● イラストのサイズを変更する
- イラストを文章や図形の手前に表示する ● イラストを移動する

12 はがきを縦書きに設定しよう — 36
- 文字列の方向を縦書きにする ● 縦書きで本文を入力する

Column ● 用紙の向きを変更する

13 縦書きの文面を作成しよう — 38
- 文字の色を変更する ● 賀詞の文字サイズを拡大し、配置を変更する

14 デジカメの写真を入れよう — 40
- [ピクチャ]フォルダーから画像を挿入 ● 画像のサイズを変更する
- 画像を文章の手前に重ねて表示する ● 画像を移動する

Column ● 移動中に線が表示される
- 画像の周囲に効果を付ける

Column ● SDカードから写真を挿入する

15 はがきを印刷しよう — 46
- はがきを印刷する

Column ● 写真を高品質で印刷する

第3章 同窓会の往復はがきを作ろう — 48

16 ポイントを確認しよう — 48
- 往信面を作成しよう ● 返信面を作成しよう

Column ● ウィザードで左に宛先、右に文面を作成する
Column ● 往信面と返信面で別のファイルになる

17 往信面を作ろう — 50
- 宛先を住所録から印刷させる

Column ● 宛名が2段になってしまったら
- 返信用の文面を作成する ● 往信面を印刷する

Point ● 往信面のファイルを開くとメッセージが表示される場合は？
Column ● 文面のみの往復はがきを作成したい場合は？

18 返信面を作ろう — 56
- 返信用の宛名面を作る ● 文面を作成する

Column ● 「敬具」や「以上」は自動で入力される
- 返信面を印刷する

第4章　イベントの案内チラシを作ろう　　60

19　ポイントを確認しよう　　60
- タイトルの修飾やレイアウトを工夫する
- 縦書きのプログラムを挿入し、記入欄の表を作る
- Column　思わず行きたくなるようなチラシを作ろう！

20　文章の書式を設定しよう　　62
- 文字のフォントを一括変更する
- Column　マウスを合わせるだけでフォントを確認できる
- タイトルの文字サイズを拡大する
- タイトルに効果を付けて中央揃えにする　● 目立たせたい文字の色を変える
- 箇条書きの先頭に記号を付ける　● 箇条書きの先頭を右へ移動する

21　イラストを入れて周囲に文字を配置しよう　　68
- ピアノのイラストを挿入する　● イラストの周囲に文字を回り込ませる

22　縦書きのプログラムを入れよう　　70
- 縦書きテキストボックスを描画する　● フォントの種類とサイズを変更する
- テキストボックスのサイズを変更する
- 本文がテキストボックスと重ならないようにする
- テキストボックス内で文字の上に空きを作る
- テキストボックスの外観を見栄えよくする　● テキストボックスを移動する

23　申し込み欄の表を作ろう　　76
- 表を挿入する　● 表に文字を入力する
- Column　改行するとセルは下に広がる
- Column　行や列をあとから追加する
- Column　行、列、表を削除するには？
- 列の幅を変更する　● 表全体を拡大する　● 表内の文字の配置を変更する
- 見出しのセルの背景を塗りつぶす
- 表をページの中央に配置する

24　切り取り線を入れよう　　84
- 直線を引く　● 直線の種類や太さ、色を変更する
- Column　切り取り線を移動・削除する
- Column　切り取り線の長さを変更する

25　チラシを印刷しよう　　88
- 印刷を実行する
- Column　チラシが2ページになってしまったら？

第5章　デジカメ写真のアルバムを作ろう　　90

26　ポイントを確認しよう　　90
- 飾り枠をアルバムの周りに付ける　● アルバムの写真を楽しく飾る
- Column　複数の写真を一度に挿入する

27　アルバムの周囲を飾り枠で囲もう　　92
- アルバムのタイトルを作る　● ページ罫線を挿入する
- Column　絵柄の大きさを変更する

- Column ● ページ罫線を削除する
- Column ● 複数ページのアルバムにするには

28 写真を自由に配置しよう ……… 96
- ● 写真を挿入しておく ● 画像を回転する ● 画像の重なり順序を変更する

29 写真にコメントを付けよう ……… 98
- ● テキストボックスを挿入する ● コメントを入力する
- ● コメントの書式を変更する ● テキストボックスのサイズを変更する
- ● テキストボックスの枠線を透明にする
- ● テキストボックスを回転する
- Column ● 縦書きのコメントを入れるには
- Column ● テキストボックスの背景を透明にする

30 アルバムを印刷しよう ……… 104
- ● 印刷を実行する
- Column ● 一部のページだけを印刷するには？

第6章 冊子になった旅行記を作ろう ……… 106

31 ポイントを確認しよう ……… 106
- ● A4用紙ではA5サイズの冊子ができる
- ● ページ割付が自動で行われる
- Column ● ページ番号を振る

32 中綴じ印刷の設定をしよう ……… 108
- ● 文書を中綴じ印刷の設定にする

33 ページ番号を入れよう ……… 110
- ● 旅行記にページ番号を挿入する
- Column ● 冊子のページ数は4の倍数になる

34 冊子を印刷しよう ……… 112
- ● 冊子を両面印刷する

第2編 エクセルを使ってみよう ……… 113

第1章 エクセルの基本操作を知ろう ……… 114

01 エクセルを起動・終了しよう ……… 114
- ● ［スタート］ボタンからエクセル2016を起動する
- ● ［閉じる］ボタンでエクセル2016を終了する

02 エクセルの画面の見方を知ろう ……… 116
- ● エクセル2016の基本画面
- Column ● シートを増やすには
- Column ● 不要になったシートを削除する

第2章 住所録を作ろう ... 118

03 ポイントを確認しよう ... 118
- 住所録の表を作成する ● 作成した住所録を印刷する

Column ● 住所録ははがきの宛名印刷に使える

04 データを入力しよう ... 120
- 列見出しを入力する

Column ● セルの内容を変更・削除する

05 表に罫線を引こう ... 122
- 表全体に細枠の罫線を引く

Column ● 罫線を削除する

06 項目見出しに書式を設定しよう ... 124
- 文字を中央揃えにして、セルに背景色を付ける

Column ● フォントやフォントサイズを変更する

07 列の幅を変更しよう ... 126
- 単独の列の幅を変更する ● 複数の列の幅を一度に変更する

08 長い住所を2段表示にしよう ... 128
- 「住所1」に入力した住所が2段表示になるように設定する

Column ● 右のセルにデータが入力された場合

09 2ページ目にも項目見出しを印刷しよう ... 130
- 2ページ目以降にも列見出しを表示する
- 先頭行を「タイトル行」に設定

10 住所録を印刷しよう ... 132
- すべての列を横1ページに収めて印刷する ● 印刷する

Column ● 用紙の向き、用紙サイズ、余白を変更するには？
Column ● 特定のページだけを印刷するには？

第3編 ワードとエクセルを組み合わせて使おう ... 135

第1章 はがきに住所録の宛名を印刷しよう ... 136

01 ポイントを確認しよう ... 136
- エクセルで作る住所録の注意点 ● 住所録の保存先を確認する

02 エクセルの住所録からはがきに宛先を印刷する ... 137
- 「はがき宛名面印刷ウィザード」を起動する
- はがきの種類やレイアウトを選ぶ ● 差出人や宛先を指定する
- ウィザードを終了する ● 宛先を1件ずつ確認する

Column ● 宛先を移動するボタン
        ● はがきの宛名面を印刷する
Column ● 文字の一部が欠けてしまったら？
Column ● 差出人の内容を編集するには？
Column ● 一部の宛先だけを印刷したい場合は？

第1編
ワードを使ってみよう

ワードは初めてなんだけどできるかしら？アルバムやはがきを作りたいわ。

初めての人でもはがきやチラシなどの作品を作りながら、ワードの使い方を楽しく覚えることができますよ。

第1章 01〜06　ワードの基本操作を知ろう
第2章 07〜15　はがきを作ろう
第3章 16〜18　同窓会の往復はがきを作ろう
第4章 19〜25　イベントの案内チラシを作ろう
第5章 26〜30　デジカメ写真のアルバムを作ろう
第6章 31〜34　冊子になった旅行記を作ろう

第1章 ワードの基本操作を知ろう

Lesson 01 ワードを起動・終了しよう

最初にワードの起動と終了の方法を覚えましょう。はがきやチラシなどを作るには、まずワードを起動します。文書の編集作業が終わったら、ワードを終了しましょう。

ボタンからワード2016を起動する

1 [スタート]ボタンを左クリック

画面左下の ⊞ に ▷ を合わせ 🖱 の左ボタンを押します。スタートメニューが表示されるので、[すべてのアプリ]に ▷ を合わせ 🖱 の左ボタンを押します。
次に、スクロールバーに ▷ を合わせ 🖱 の左ボタンを押したまま、下にマウスを動かします（ドラッグ）。「W」で始まるアプリが表示されたら、[Word2016]に ▷ を合わせ 🖱 の左ボタンを押します。

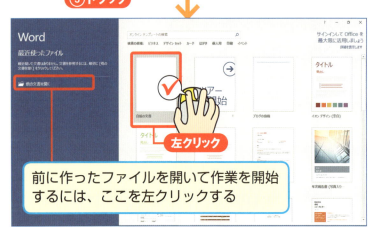

前に作ったファイルを開いて作業を開始するには、ここを左クリックする

2 [白紙の文書]を左クリック

起動と同時に新しい文書を作成するには、[白紙の文書]に ▷ を合わせ 🖱 の左ボタンを押します。

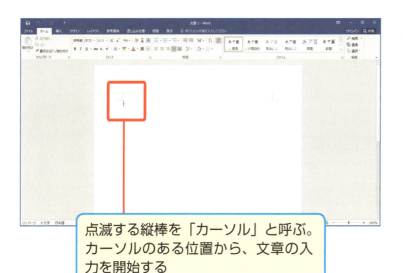

3 ワード2016が表示された

デスクトップにワード2016のウィンドウが表示されました。同時に、新しい文書を作成できる状態になります。

点滅する縦棒を「カーソル」と呼ぶ。カーソルのある位置から、文章の入力を開始する

[閉じる]ボタンでワード2016を終了する

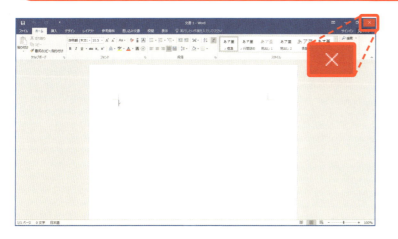

1 [閉じる]ボタンを左クリック

✕ に ▷ を合わせ 🖱 の左ボタンを押します。
これで、ワード2016が終了してウィンドウが閉じ、デスクトップに戻ります。

01 ワードを起動・終了しよう

Column

頻繁にワードを使う場合

ワードをよく使うパソコンでは、⊞ ボタンを🖱左クリックしたときに、[よく使うアプリ]に[Word2016]が表示されます。ここを🖱左クリックして、ワードを起動することもできます。

ここを左クリックすると、すぐにワードが起動する

Lesson 02 ワードの画面の見方を知ろう

ワードを起動したら、まず画面の使い方をマスターしましょう。ワード画面には細かいボタンがたくさん並んでいますが、まずはよく使うものから順に覚えましょう。

ワード2016の基本画面

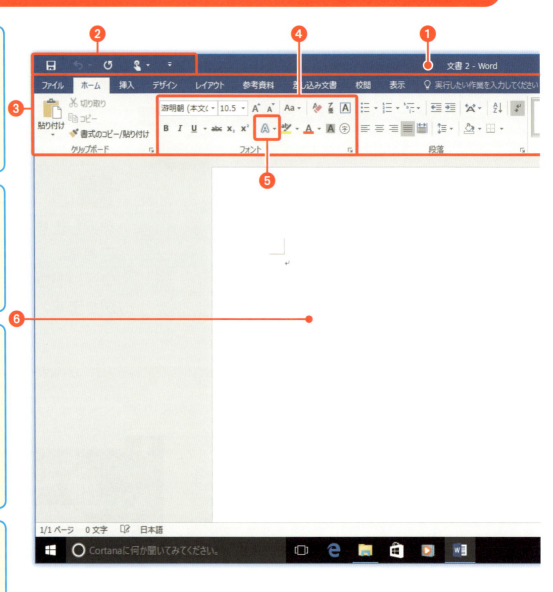

❶ タイトルバー
作成した文書のファイル名が表示されます。ファイルを保存する前は「文書1」のような仮の名前が表示されます

❷ クイックアクセスツールバー
［上書き保存］や［元に戻す］など、よく使う機能のボタンが並んでいます

❸ リボン
ワードの操作のボタンが表示される領域。「ホーム」「挿入」という白い文字の部分を「タブ」と呼びます。タブをクリックしてボタンの分類を切り替えます

❹ グループ
リボンのタブの中で、ボタンがさらに細かく分類された組のことです。ボタンは、関連のある機能ごとに同じグループに配置されています

❺ ボタン
ワードの操作が割り当てられています。操作を選ぶときには、このボタンを左クリックします。なお、ボタンの右側に▼が付いているものは▼をクリックすると、さらに種類などを選ぶことができます

❼ 最小化ボタン

左クリックすると、ワードのウィンドウが一時的に縮小され、タスクバーにアイコン表示されます。ワードを起動したまま、作業を少し休むときに使いましょう

❽ 最大化／元に戻すボタン

ウィンドウをデスクトップ全体に表示する状態を「最大化」と呼びます。このボタンを左クリックすると、ワード画面を最大化したり、それを解除したりできます

❾ 閉じるボタン

ワードを終了して、ウィンドウを閉じます。ファイルが保存されていない場合は、保存を確認するメッセージが表示されます

❿ 垂直スクロールバー

隠れている部分をウィンドウに表示したいときに、このバーを上下にドラッグします

⓫ ズームスライダー

画面の表示倍率を変更します。右端に現在の倍率が「100%」のように表示されます。ウィンドウを拡大表示するには、▯を「＋」の方へドラッグし、縮小表示するには、「－」の方へドラッグします

⓬ IME オプション表示ボタン

日本語の入力 (IME) に関する機能を呼び出す場合に左クリックします。「あ」と表示されているときは、日本語を入力し、漢字に変換できる状態ですが「A」と表示されているときは、英文タイプのようにアルファベットと半角数字、記号だけしか入力できない状態になります。この2つの状態を切り替えるには、キーボードの 半角/全角 キーを押します

❻ 文書ウィンドウ

文書の編集領域。はがきやチラシなど作成している文書がここに表示されます

Column

A4用紙の縦置きが初期設定

ワードを起動した直後は、A4用紙を縦置きにした状態で新規文書が表示されます。はがきなど、他のサイズの文書を作る場合や、用紙の向きを横置きにして文書を作る場合は、用紙の設定を変更してから入力を始めましょう → P.24 参照

02 ワードの画面の見方を知ろう

Lesson 03 文書を保存しよう

ワードで作った文書をデータとして残すには、保存の操作が必要です。初めて保存する場合は「名前を付けて保存」を、変更を更新する場合は「上書き保存」をそれぞれ使い分けましょう。

文書に名前を付けて保存する

1 [名前を付けて保存]を選ぶ

作成した文書がウィンドウに表示された状態で操作を始めます。

「ファイル」に🖱️を合わせ🖱️の左ボタンを押します。表示されたメニューから[名前を付けて保存]に🖱️を合わせ🖱️の左ボタンを押します。

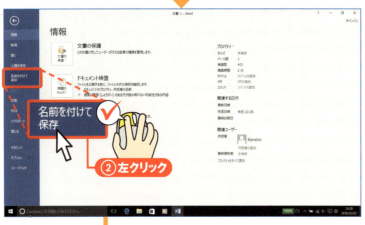

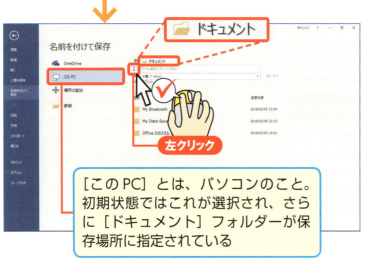

2 保存先のフォルダーを確認

ファイルは[ドキュメント]フォルダーに保存すると、あとから探しやすくなります。[ここにファイル名を入力してください]に🖱️を合わせ🖱️の左ボタンを押します。

[このPC]とは、パソコンのこと。初期状態ではこれが選択され、さらに[ドキュメント]フォルダーが保存場所に指定されている

第1章 ワードの基本操作を知ろう

14

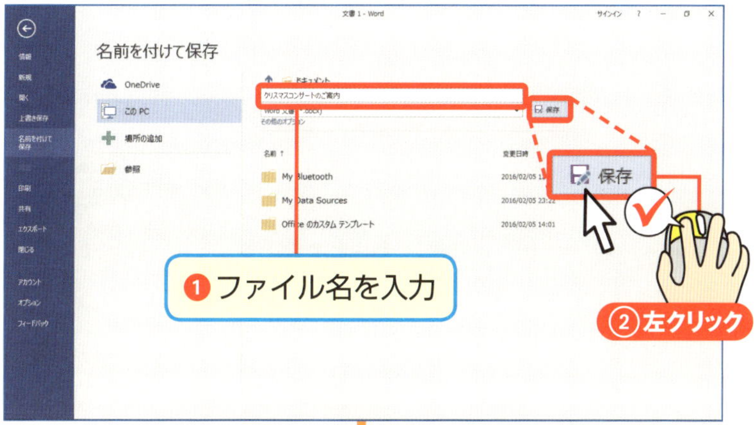

③ ファイル名を入力して保存する

ファイル名を入力します。[保存] にを合わせの左ボタンを押します。

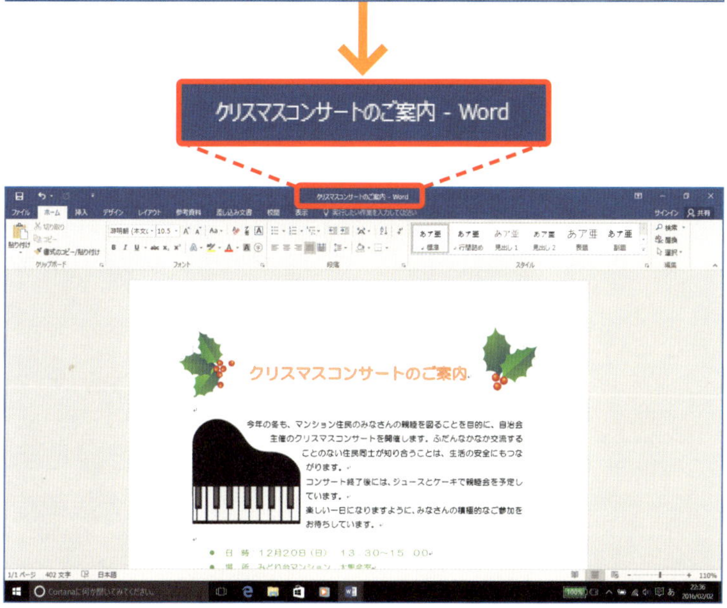

④ ファイルが保存された

保存の操作が正しく完了すると、タイトルバーにファイル名が表示されます。

変更した内容をファイルに上書きする

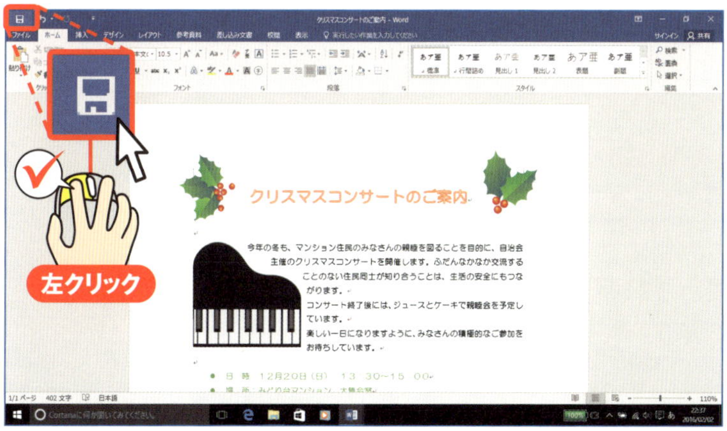

① [上書き保存] ボタンを左クリック

一度保存したファイルの内容を編集した場合は、[上書き保存] を実行して、その変更をファイルに残しましょう。

にを合わせの左ボタンを押します。特にメッセージなどは出ませんが、これで上書き保存は完了です。

Lesson 04

作った文書を開こう

作成した文書をワードで再び編集したり、印刷したりする場合、そのファイルを開く必要があります。ここでは、保存したファイルを開く操作を覚えましょう。

第1章 ワードの基本操作を知ろう

[ドキュメント]フォルダーからファイルを開く

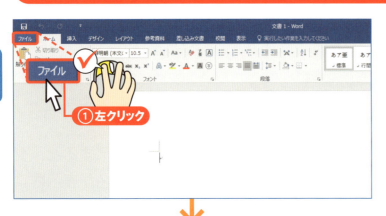

1 [開く]を選択する

 に 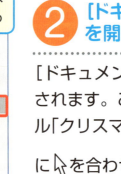 を合わせ 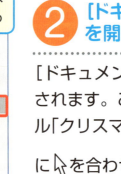 の左ボタンを押します。
表示されたメニューで[開く]に 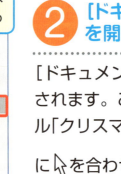 を合わせて 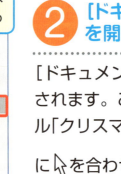 の左ボタンを押します。[この PC]に 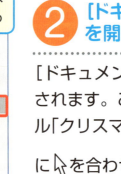 を合わせ、再度 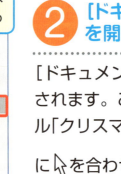 の左ボタンを押します。

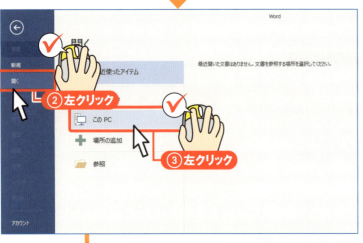

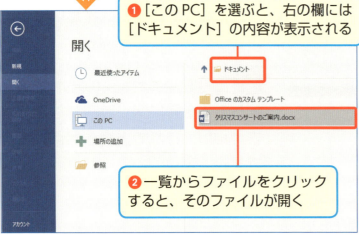

❶ [この PC]を選ぶと、右の欄には[ドキュメント]の内容が表示される

❷ 一覧からファイルをクリックすると、そのファイルが開く

2 [ドキュメント]のファイルを開く

[ドキュメント]の内容が右に表示されます。ここから開きたいファイル「クリスマスコンサートのご案内」に 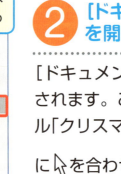 を合わせ 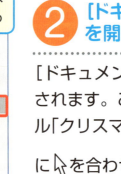 の左ボタンを押します。

16

開いているファイルの名前がタイトルバーに表示される

③ ファイルが開いた

ファイル「クリスマスコンサートのご案内」が開きました。

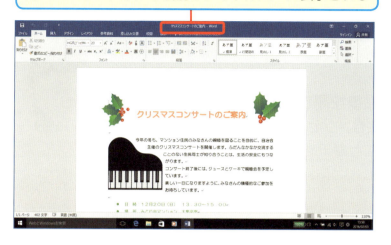

Column

ドキュメント以外の場所にあるファイルを開くには

デスクトップなど、ドキュメント以外の場所に保存したファイルを開くには、P.16の手順❷の画面で、[参照]に🖱を合わせ🖱の左ボタンを押します。[ファイルを開く]ダイアログボックスが表示されたら、左の一覧から保存場所（ここでは[デスクトップ]）に🖱を合わせて🖱の左ボタンを押します。これで選択した場所のファイルが右の欄に表示されます。

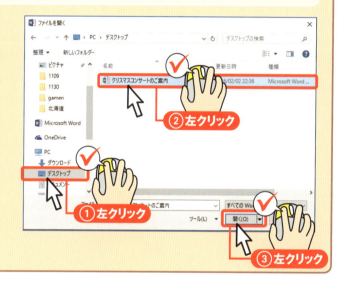

Column

アイコンをダブルクリックして開く

ワードが起動していない場合は、ファイルのアイコンをダブルクリックすると、すばやくファイルを開くことができます。ファイルが保存されているフォルダーのウィンドウを開き、ファイルのアイコンに🖱を合わせ🖱の左ボタンをすばやく2回押します。

04 作った文書を開こう

Lesson 05 作業が終わった文書を閉じよう

編集作業が終了したら、文書を閉じましょう。データを保存していない場合は、このときメッセージが表示されるので、保存の操作を同時に行うことができます。

第1章 ワードの基本操作を知ろう

ファイルを閉じる

1 [ファイル] タブを左クリック

作業が終わった文書を閉じます。

ファイル に 🔼 を合わせ 🖱 の左ボタンを押します。

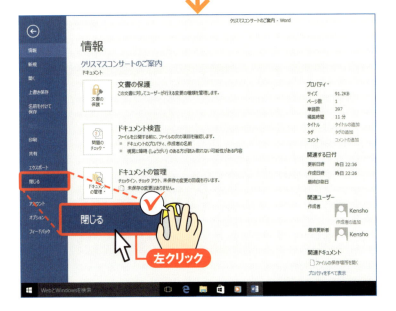

2 [閉じる] をクリック

[閉じる] に 🔼 を合わせ 🖱 の左ボタンを押します。

18

③ 文書が終了した

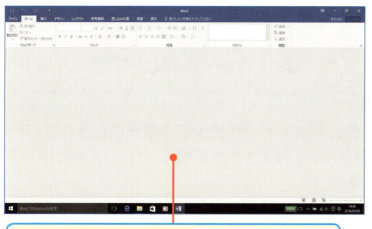

開いていた文書ファイルが閉じて、ワードの画面になります。
ワードは起動したままなので、続けて他のファイルを開いて（P.16参照）、作業することができます。

ファイルが閉じて、ワードだけが起動しているとこのようにグレーの画面になる

05 作業が終わった文書を閉じよう

Column

保存していないデータがある場合は

保存していないデータがある場合は、P.18の手順❷で「変更を保存しますか」というメッセージが表示されます。保存するには［保存］を左クリックします。

ファイルを保存する場合は、ここを左クリックする

Column

ワードの作業をすべて終了するには

文書ファイルを閉じると同時に、ワードの作業自体も終了したい場合は、ウィンドウ右上の ✕ に を合わせ の左ボタンを押します。
これでワードが終了し、デスクトップ画面に戻ります。

Lesson 06 新しく文書を作成しよう

ワードを起動すると、自動的に新規文書の作成画面が表示されますが、ファイルを閉じた後はこの画面は自動では表示されません。新しい文書を作成する方法を知っておきましょう。

新しい文書を作成する

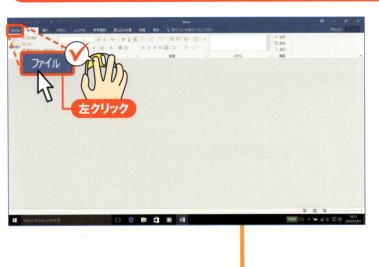

1 [ファイル]タブを左クリックする

ここでは、ワードは起動していますが、P.18の操作でファイルを閉じた直後のため、開いているファイルはありません。

[ファイル]に ▷ を合わせ 🖱 の左ボタンを押します。

2 [白紙の文書]を選ぶ

[新規]に ▷ を合わせ 🖱 の左ボタンを押します。[白紙の文書]に ▷ を合わせ 🖱 の左ボタンを押します。

第1章 ワードの基本操作を知ろう

③ 新しい文書が作成された

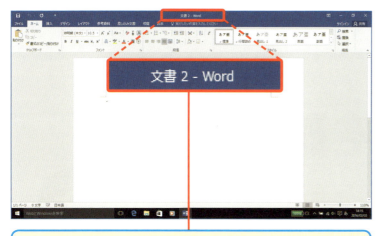

新規文書が作成されました。これで新しい文書で作業を始めることができます。

ここには「文書1」や「文書2」のような仮のファイル名が表示される。ファイルの名前の変更はP.14を参照

Column

テンプレートを使ってファイルを新規作成する

❶ キーワードを入力
❷ 左クリック

「テンプレート」と呼ばれるひな型を元にすると、見栄えのする文書を短時間で作れます。

P.20の手順❷で［オンラインテンプレートの検索］の欄を🖱左クリックして、探したいテンプレートのキーワードを入力します。Enterキーを押すとテンプレートが一覧表示されます。使いたいテンプレートを🖱左クリックし、表示される画面で［作成］を🖱左クリックすると、ワードにテンプレートが読み込まれます。

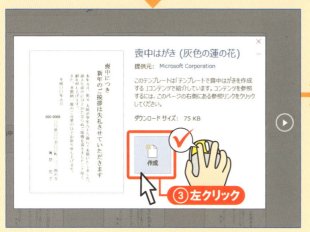

❸ 左クリック

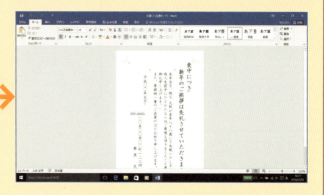

06 新しく文書を作成しよう

第2章 はがきを作ろう

Lesson 07 ポイントを確認しよう

季節のあいさつや引っ越し通知などのはがきを作りましょう。文章は横書き、縦書きのどちらでも入力できます。写真やイラストを入れてきれいに仕上げるコツを覚えましょう。

横書きのはがきを作ろう

ワードでは引っ越し通知や年賀状などを手軽に作ることができます。まずは基本となる横書きのはがきを作りましょう。

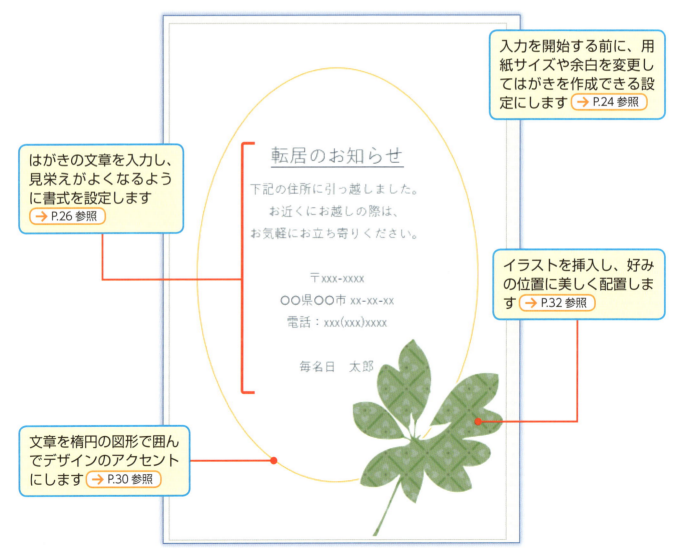

- 入力を開始する前に、用紙サイズや余白を変更してはがきを作成できる設定にします → P.24 参照
- はがきの文章を入力し、見栄えがよくなるように書式を設定します → P.26 参照
- イラストを挿入し、好みの位置に美しく配置します → P.32 参照
- 文章を楕円の図形で囲んでデザインのアクセントにします → P.30 参照

縦書きのはがきを作ろう

文章の向きを縦書き用に変更すると、改まった印象になる縦書きのはがきを作成できます。こちらもチャレンジしてみましょう。

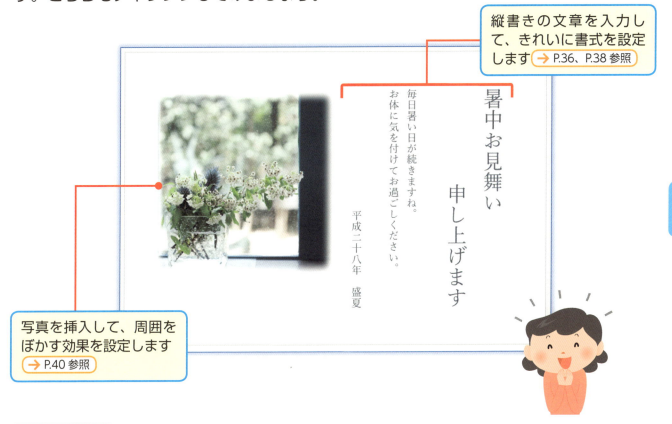

縦書きの文章を入力して、きれいに書式を設定します → P.36、P.38 参照

写真を挿入して、周囲をぼかす効果を設定します → P.40 参照

07 ポイントを確認しよう

Column

はがきの宛名面もワードで印刷できる

ワードで作成できるのは、はがきの文面だけではありません。はがきの宛名面に送付先の住所や氏名を順番に印刷することもできます。ただし、住所を印刷するには、前もってエクセルで住所録のファイルを作成しておく必要があります。エクセルで住所録を作る方法はP.118で、その住所録を使って宛名を印刷する方法はP.135でそれぞれ紹介しています。

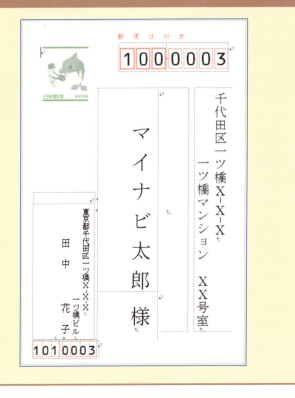

Lesson 08 はがきの設定をしよう

まず用紙サイズや上下左右の余白をはがきに適した内容に変更しましょう。特に、用紙サイズは、あとから変更するとレイアウトが大きく崩れてしまうため、最初に行います。

用紙サイズをはがきに変更する

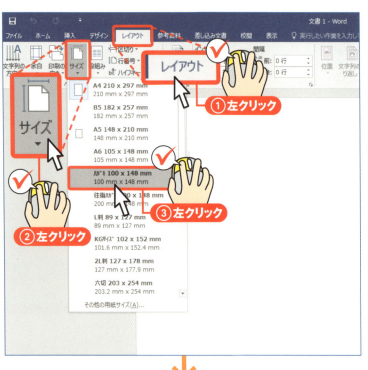

1 [サイズ] ではがきを選択

用紙サイズをはがきに変更します。[レイアウト] タブに を合わせ、 の左ボタンを押します。[ページ設定] グループの [サイズ] に を合わせ の左ボタンを押し、用紙サイズの一覧からはがきを 左クリックします。

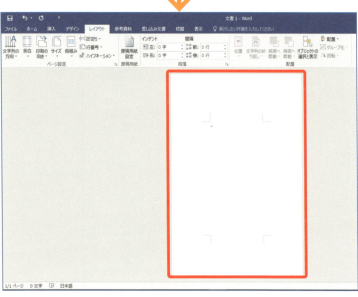

2 用紙サイズが変更された

用紙サイズがはがきに変更されました。

24

余白をはがきに合わせて変更する

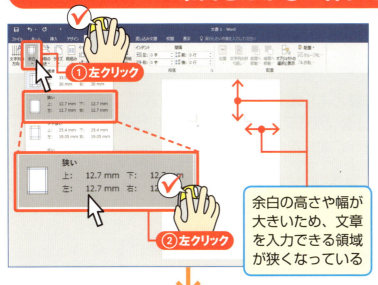

1 余白を狭くする

上下左右の余白を狭くして、文章を入力できる領域を広くしましょう。

[ページ設定] グループの 余白 に を合わせ🖱の左ボタンを押します。表示された一覧から [狭い] を左クリックします。

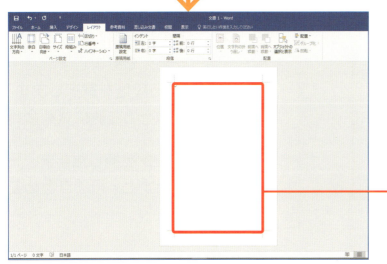

2 余白が狭くなった

上下左右の余白が小さめに変更されたので、文章を入力できる領域が広がりました。

文章を入力する

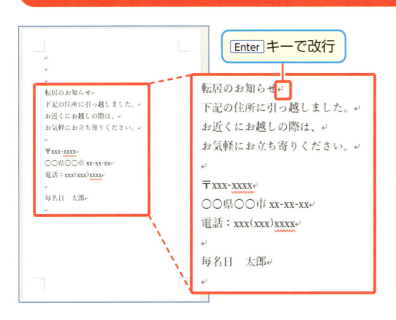

1 はがきの本文を入力する

左を参考に、はがきの本文を入力しておきましょう。

なお、⏎ で表示された箇所では、Enter キーを押します。間隔を空けたいところでは、文字を入力せずに Enter キーだけを押すと、空の行を入れることができます。

08 はがきの設定をしよう

Lesson 09 はがきの文面を作ろう

入力した文字や文章を見栄えよく修飾する作業を「書式設定」といいます。[ホーム]タブの[フォント]グループや[配置]グループのボタンを使って本文を書式設定しましょう。

書体の種類を変更する

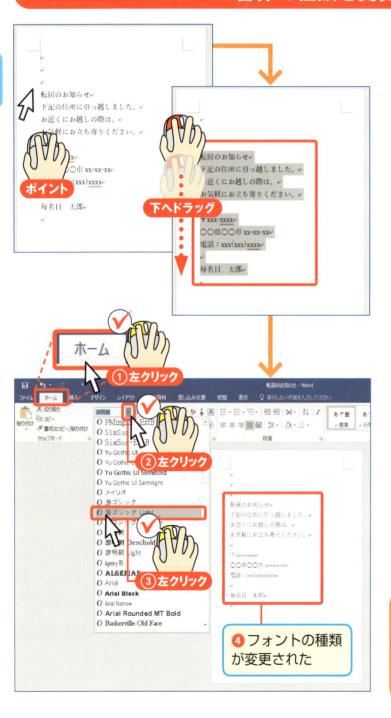

1 文章を選択する

活字の書体を「フォント」といいます。フォントの種類を変更して、文面の雰囲気を変えてみましょう。
まず、対象となる段落を選択します。選択範囲の先頭行の左側に🖱を合わせ、🖱の左ボタンを押したまま、下にマウスを動かすと、行をまとめて選択できます。

2 フォントの種類を変更する

[ホーム]タブを左クリックし、游明朝の▼に🖱を合わせ🖱の左ボタンを押します。表示される一覧で使いたいフォントに🖱を合わせ🖱の左ボタンを押します。

> 操作を間違えてしまったときは、クイックアクセスツールバー → P.12参照 の↶に🖱を合わせ🖱の左ボタンを押します。

文字の色を変更する

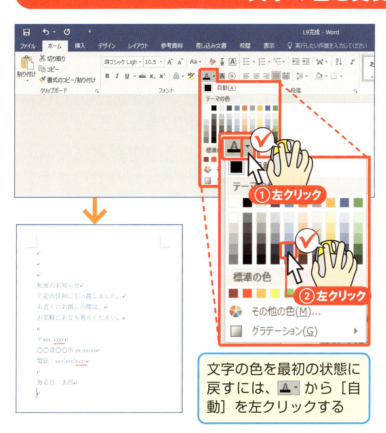

文字の色を最初の状態に戻すには、▲▼から［自動］を左クリックする

1 フォントの色を変更する

文字の色を変えましょう。文章が選択された状態で、▲の▼に🖱を合わせ🖱の左ボタンを押します。表示された色のパレットから好きな色に🖱を合わせ🖱の左ボタンを押します。

2 文字の色が変わった

選択していた文字の色が変わりました。

文章を左右で中央に配置する

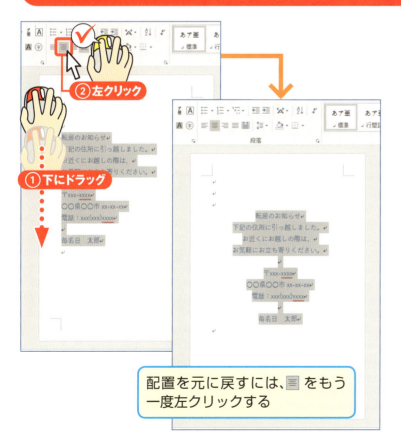

配置を元に戻すには、≡ をもう一度左クリックする

1 ［中央揃え］をクリック

すべての文章を水平方向で中央に配置します。
P.26の手順で本文の行を選択して、［配置］グループの≡（中央揃え）に🖱を合わせ🖱の左ボタンを押します。

2 左右で中央に配置された

選択していた文章が、中央に配置されました。

09 はがきの文面を作ろう

27

タイトルの文字を大きくする

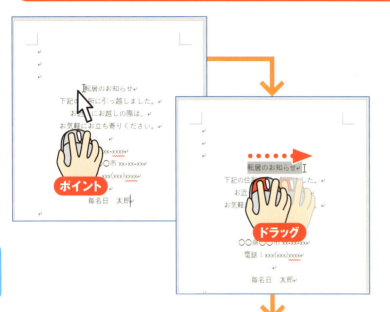

1 タイトルを選択する

はがきのタイトルを大きく目立つように書式設定しましょう。
まず、タイトル部分を選択します。タイトルの先頭に 🖱 を合わせます。

次に 🖱 の左ボタンを押しながら、タイトルの右端まで動かします。

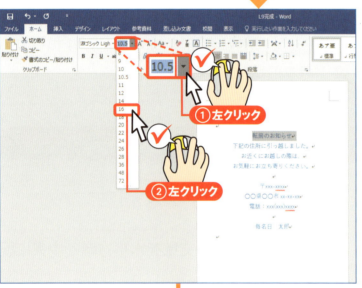

2 フォントサイズを選択

［フォント］グループの 10.5 の ▼ に 🖱 を合わせ 🖱 の左ボタンを押します。表示された一覧から、設定したいサイズに 🖱 を合わせ 🖱 の左ボタンを押します。

3 文字サイズが大きくなった

選択しておいたタイトルの文字サイズが拡大されました。

> **Point**
> 初期設定の文字サイズは「10.5」です。これより大きな数字を選ぶと文字は拡大され、小さな数字を選ぶと文字は縮小されます。

第2章 はがきを作ろう

タイトルに下線を付ける

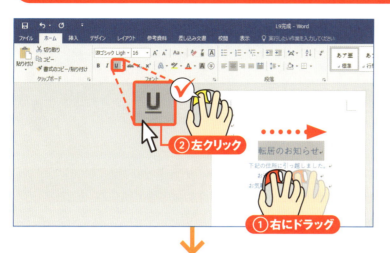

1 [下線]を左クリック

タイトルの文字にアンダーラインを付けて強調します。
P.28の手順でタイトルの文字を選択しておき、に を合わせ の左ボタンを押します。

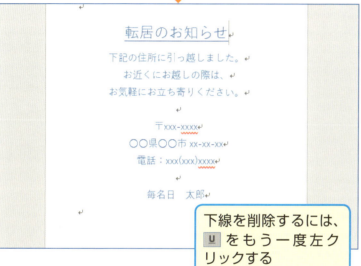

下線を削除するには、 をもう一度左クリックする

2 下線が表示された

タイトルの文字にアンダーラインが表示されました。

なお、 B を 左クリックすると、タイトルの文字が太く表示され、 I を左クリックすると、文字が斜めに表示されます。どちらも文字を強調したいときに役立ちます。

09 はがきの文面を作ろう

Column

ミニツールバーのボタンを使う

文字や段落を選択したときや、 の右ボタンを押したときに右上に表示されるボタン群を「ミニツールバー」と呼びます。ミニツールバーには、よく使う書式設定のボタンが表示されます。ここからボタンを選んで左クリックすると、マウスを動かす距離が短くてすみます。
なお、ミニツールバーは、一定時間が経つと自然に消えます。操作の邪魔になる場合は ESC キーを押せば、即座に表示されなくなります。

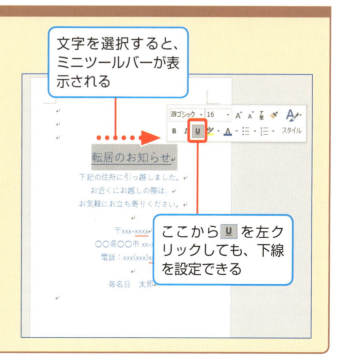

文字を選択すると、ミニツールバーが表示される

ここから U を左クリックしても、下線を設定できる

Lesson 10 文章を図形で囲んでみよう

練習用ファイル L10フォルダー

入力した文章を楕円などの図形で囲むとデザインのアクセントになります。図形を挿入して、きれいに配置する方法を知っておきましょう。

楕円の図形を描く

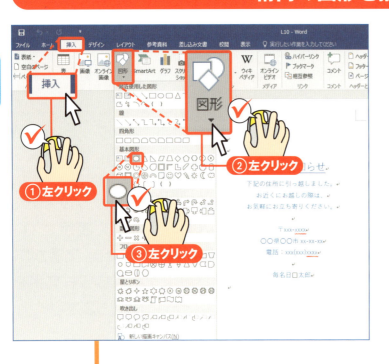

1 楕円の図形を左クリック

［挿入］タブの［図］グループにある 図形 に ▷ を合わせ 🖱 の左ボタンを押します。表示されたの一覧から ◯ に ▷ を合わせ 🖱 の左ボタンを押します。

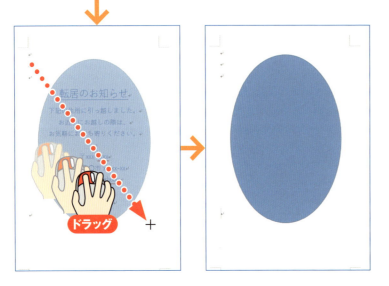

2 ドラッグして図形を描く

マウスポインターの形が ＋ に変わります。
文章の左上に ＋ を合わせ 🖱 の左ボタンを押したまま、右下へと動かします。これでドラッグした大きさの楕円が表示されます。

> **Point**
>
> ドラッグした直後は、楕円の周囲に枠線が表示され（→P.31 手順❶参照）、図形が選択された状態になります。楕円の外を左クリックすると、選択が解除され、図のように枠線は表示されなくなります。

楕円の色を透明にする

1 [図形の塗りつぶし]を左クリック

楕円の中にある文章が見えるように、図形の色を透明に設定します。

楕円の中に🖱を合わせ🖱の左ボタンを押します。[書式]タブの[図形のスタイル]グループにある

[図形の塗りつぶし]に🖱を合わせ🖱の左ボタンを押します。表示された一覧から[塗りつぶしなし]に🖱を合わせ🖱の左ボタンを押します。これで、楕円の中が透明になり、背後の文章が表示されました。

> 楕円の輪郭線の色を変更するには、[図形の枠線]を左クリックします。

楕円の大きさを調整する

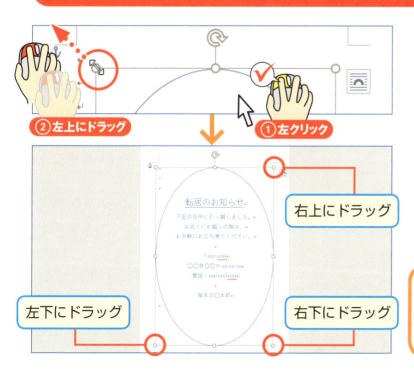

1 枠線の角でドラッグする

最後に、楕円の大きさを調整しましょう。楕円の中で左クリックし、周囲に四角い枠が表示されたら、左上角の○に🖱を合わせます。🖱の形になったら🖱の左ボタンを押したまま、マウスを左上に動かします。

> 右上、左下、右下の角でも同様にドラッグして楕円の大きさを図のように変更します。

10 文章を図形で囲んでみよう

Lesson 11 はがきにイラストを入れよう

練習用ファイル
L11フォルダー

はがきにきれいなイラストを挿入して、見栄えよく仕上げましょう。イラストのファイルは本書のサポートサイトから自由にダウンロードして利用できます。

第2章 はがきを作ろう

イラストを挿入する

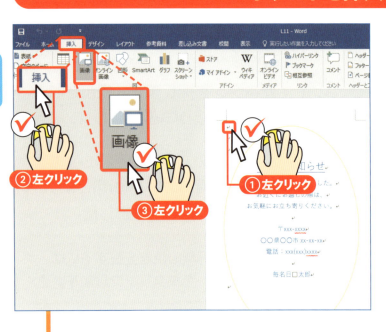

1 [画像] を左クリック

イラストはカーソルのある位置に挿入されるので、文書の先頭を左クリックして、カーソルを移動しておきます。[挿入] タブの [図] グループにある 画像 に を合わせ の左ボタンを押します。

イラストのファイルを保存したフォルダーを開く。ここでは [ピクチャ] フォルダーの [イラスト] フォルダーを開いている

2 イラストのファイルを選択

[図の挿入] ダイアログボックスが表示されます。挿入したいイラストに を合わせ の左ボタンを押します。続けて [挿入] に を合わせ の左ボタンを押します。

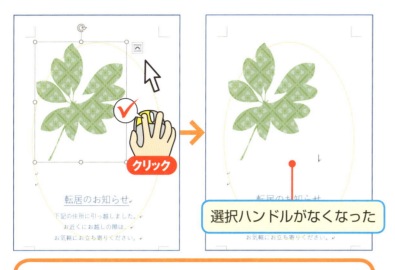

3 イラストが挿入された

文書の先頭にイラストが挿入されました。挿入された直後は、イラストの周囲に「選択ハンドル」という枠線が表示されます。枠線の外に🖱を合わせ🖱の左ボタンを押すと、イラストの枠線は表示されなくなります。

この枠線はイラストが選択された状態であることを示します。挿入したイラストを編集するときは、イラストの上で左クリックして、イラストを再び選択しましょう。

イラストのサイズを変更する

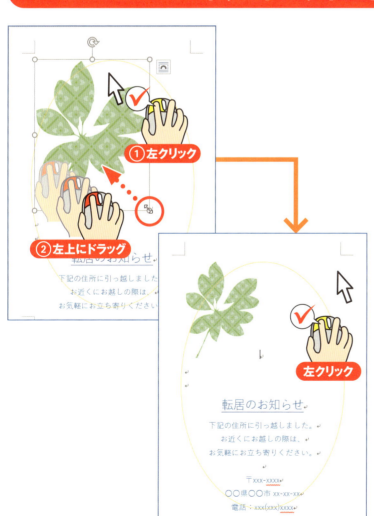

1 イラストの角をドラッグ

挿入したイラストのサイズを小さくします。
イラストに🖱を合わせ🖱の左ボタンを押します。イラストの周囲に枠線が表示されたら、右下角の○に🖱を合わせます。形が↘に変わったら🖱の左ボタンを押したまま左上へマウスを動かします。

2 イラストが小さくなった

これでイラストのサイズが縮小されました。イラストの枠線の外を🖱左クリックすると、選択が解除されます。

11 はがきにイラストを入れよう

イラストを文章や図形の手前に表示する

1 [レイアウトオプション]を左クリック

イラストは現在、文書の先頭に配置されています。これを文章や楕円の図形に重ねて、手前に表示されるように変更します。イラストにカーソルを合わせマウスの左ボタンを押します。イラストが選択されたら、アイコンにカーソルを合わせマウスの左ボタンを押します。

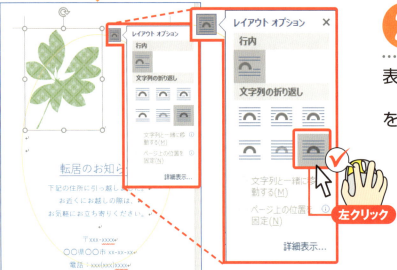

2 [前面]を選択する

表示された一覧から（前面）にカーソルを合わせマウスの左ボタンを押します。

3 イラストが手前に表示された

イラストが文章や楕円の図形よりも手前に表示されました。

> **Point**
>
> [前面]とは、イラストやデジカメ写真を手前に表示するレイアウトのことです。

イラストを移動する

1 イラストをドラッグ

イラストをはがきの右下へ移動します。

イラストに🔼を合わせ🖱の左ボタンを押します。イラストの周囲に枠線が表示されたら、イラストの中に🖱を合わせ、左ボタンを押したまま、右下へと動かします。

2 イラストが移動した

イラストがはがきの右下に移動しました。
ここでは、イラストの右下角がはがきの右下角と重なるところまで移動しています。枠線の外を🖱左クリックして、イラストの選択を解除します。

3 はがきが完成した

イラストや楕円の図形がきれいに配置されたはがきが完成しました！

Lesson 12 はがきを縦書きに設定しよう

今度は縦書きのはがきを作りましょう。ワードの初期設定では、文字の入力方向は横書きです。最初にこの設定を変更してから、縦書きで文章を入力しましょう。

文字列の方向を縦書きにする

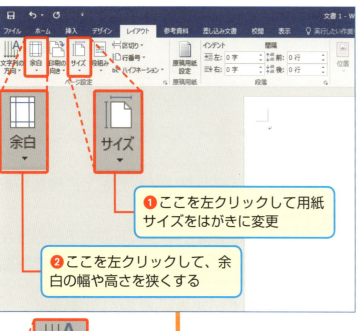

❶ ここを左クリックして用紙サイズをはがきに変更

❷ ここを左クリックして、余白の幅や高さを狭くする

1 はがきの設定にしておく

P.24を参考にして、はがきの設定にしておきます。[レイアウト]タブの[ページ設定]グループの  で用紙サイズを[はがき]に変更し、余白で[狭い]を選んでおきます。

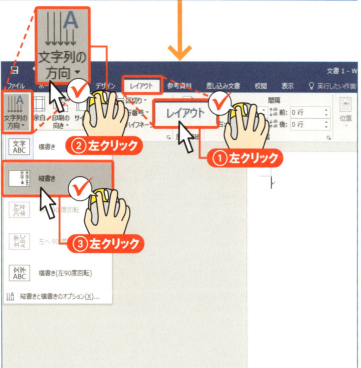

① 左クリック
② 左クリック
③ 左クリック

2 [文字列の方向]で[縦書き]を選択

[レイアウト]タブの[ページ設定]グループにある 文字列の方向 に を合わせ 🖱 の左ボタンを押します。表示された一覧から[縦書き]に を合わせ 🖱 の左ボタンを押します。

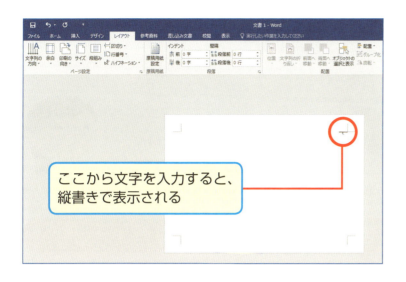

③ 縦書きに変更された

縦書きで入力できるよう設定が変更されました。カーソルは  のように表示され、文字を入力すると、縦書きで表示されます。

縦書きで本文を入力する

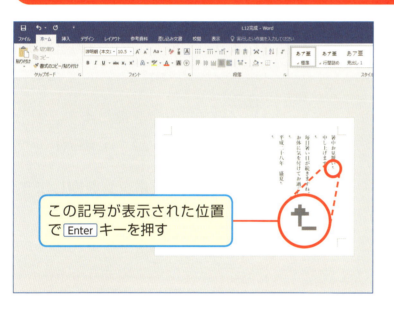

① 文章を入力する

左の画面のように、はがきに文章を入力しておきます。入力自体は横書きの場合と同じですが、半角の数字やアルファベットは横向きに表示されてしまうため、使わないようにしましょう。 が表示された位置では Enter キーを押して改行します。

Column

用紙の向きを変更する

文字列の方向を縦書きに変更すると、自動的に用紙の向きが横置きに変更されます。はがきを縦置きに戻したい場合は、［レイアウト］タブの［ページ設定］グループにある に を合わせ の左ボタンを押します。表示された一覧から［縦］に を合わせ の左ボタンを押します。

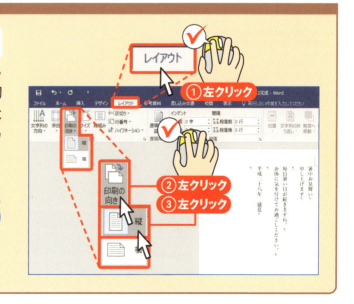

Lesson 13 縦書きの文面を作成しよう

練習用ファイル
L13フォルダー

縦書きの文章を入力したら(P.37 手順❶参照)、次はその文章に書式を設定しましょう。書式設定の方法は横書きの場合と同じです。縦書きの文字を選択するコツを覚えましょう。

第2章 はがきを作ろう

文字の色を変更する

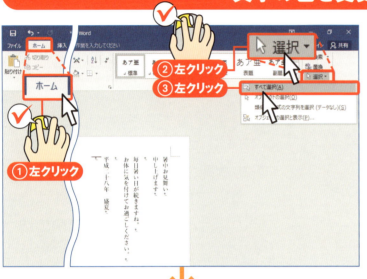

❶ すべての文字を選択する

はがきに入力したすべての文字を選択します。[ホーム]タブの[編集]グループにある 選択 に を合わせ の左ボタンを押します。表示された一覧から[すべて選択]に を合わせ の左ボタンを押します。

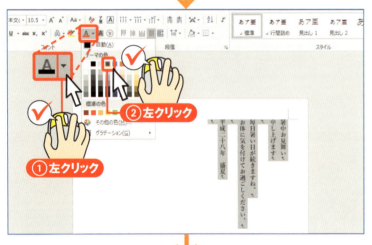

❷ [フォントの色]を左クリック

すべての文字が選択されました。[フォント]グループにある、 の に を合わせ の左ボタンを押します。表示されたカラーパレットから好みの色に を合わせ の左ボタンを押します。

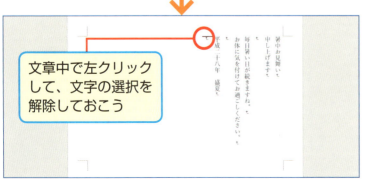

文章中で左クリックして、文字の選択を解除しておこう

❸ 文字の色が変わった

選択されていたすべての文字の色が変更されました。

賀詞の文字サイズを拡大し、配置を変更する

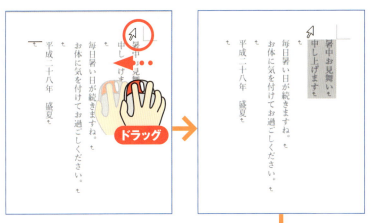

1 賀詞を選択する

1行目の上余白に矢印を合わせ、カーソルに変わったら、マウスの左ボタンを押したまま、1行分だけ左へマウスを動かします。これで、「暑中お見舞い申し上げます」の2行が選択されます。

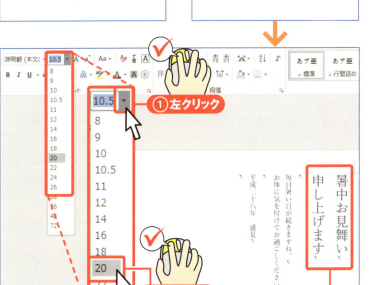

2 フォントサイズを選択

[ホーム]タブの[フォント]グループにある 10.5 の ▼ にカーソルを合わせマウスの左ボタンを押します。表示された一覧から拡大したい大きさの数字にカーソルを合わせマウスの左ボタンを押します。これで賀詞の文字サイズが大きくなります。

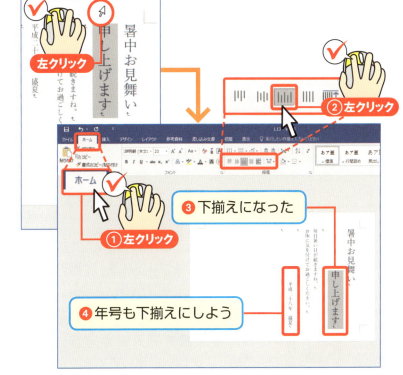

3 2行目を下揃えに配置する

2行目の上の余白にカーソルを合わせ、矢印に変わったら、マウスの左ボタンを押します。2行目が選択されたら、[段落]グループにある (下揃え)にカーソルを合わせマウスの左ボタンを押します。これで、2行目が下に移動して、賀詞の見栄えがよくなります。

13 縦書きの文面を作成しよう

Lesson 14 デジカメの写真を入れよう

練習用ファイル
L14フォルダー

デジカメで撮影した写真は、はがきに印刷して送ると喜ばれるものです。ワード文書にデジカメ画像を挿入して、好みの位置に配置する方法を知っておきましょう。

[ピクチャ]フォルダーから画像を挿入

❶ [ピクチャ] フォルダー内の [写真素材] フォルダーを開く

1 [画像]をクリック

画像はカーソルのある位置に挿入されます。あらかじめ文書の先頭を🖱左クリックして、カーソルを移動しておきましょう。[挿入] タブの [図] グループにある 画像 に 🖱 を合わせ🖱の左ボタンを押します。

2 [ピクチャ]から画像を挿入

[図の挿入] ダイアログボックスが表示されます。[ピクチャ] フォルダーなど、デジカメ写真が保存されたフォルダーを開きます。挿入したい画像に 🖱 を合わせ🖱の左ボタンを押します。[挿入]に🖱を合わせ🖱の左ボタンを押します。

> [ピクチャ] フォルダーは、デジカメのSDカードなどの保存先として一般的に利用されます。SDカードから直接画像を挿入する方法については、P.45を参照してください。

3 画像が挿入された

カーソルがあった位置（ここでは文書の先頭）に画像が挿入されました。入力しておいた文章は、その分右へずれるため、はみ出して一時的に2ページのレイアウトになってしまいます。これは後で調整します。

画像のサイズを変更する

1 左下角をドラッグ

画像のサイズを縮小します。画像にを合わせての左ボタンを押します。画像の周囲に○が表示されたら、左下角の○にを合わせます。

形がに変わったらの左ボタンを押したまま右上へマウスを動かします。

2 画像が小さくなった

これで画像のサイズが縮小されました。

画像の外を左クリックすると、選択が解除されます。

スペースが空くので文字が詰めて表示される

画像を文章の手前に重ねて表示する

1 [レイアウトオプション]をクリック

画像は現在、文章に割り込むようにして、文書の先頭に配置されています。これを文章と重ねてなおかつ手前に表示されるように変更します。

画像に を合わせ の左ボタンを押します。画像が選択されたら、 に を合わせ の左ボタンを押します。

2 [前面]を選択する

表示された一覧から （前面）に を合わせ の左ボタンを押します。

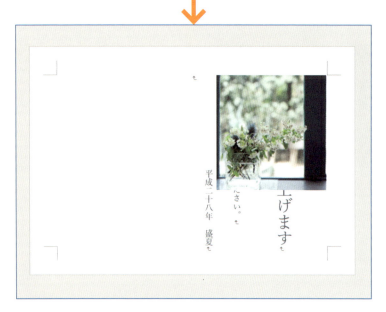

3 画像が手前に表示された

画像が文章よりも手前に表示されました。画像の背後にある文章は、重なってしまうため、一時的に見えなくなります。

［前面］とは、画像を手前に表示するレイアウトの意味です。文章は画像の背後に表示されるため、重なった部分は見えなくなります。

画像を移動する

1 画像をドラッグ

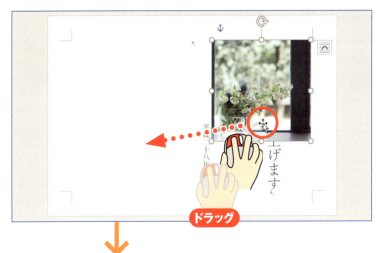

画像をはがきの左側へ移動します。

画像に を合わせ の左ボタンを押します。画像の周囲に が表示されたら、画像の中に を合わせ、左ボタンを押したまま左へ動かします。

2 画像が移動した

画像がはがきの左に移動しました。同時に、画像の背後に隠れていた文章が読めるようになりました。

Column

移動中に線が表示される

画像を移動する途中で、黄緑色の直線が表示される箇所があります。これは、はがきの端や中央など配置を揃えるポイントに来たことを示す線です。この線が表示された位置でドラッグするマウスの動きを止めると、余白の位置などにきれいに揃えて画像を配置できます。

この線は画像が上余白の位置に来ると表示される

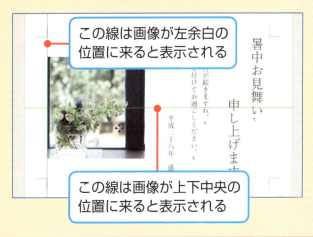

この線は画像が左余白の位置に来ると表示される

この線は画像が上下中央の位置に来ると表示される

画像の周囲に効果を付ける

1 [図のスタイル] を左クリック

画像の周囲には額縁のような枠を付けたり、ぼかしの効果を付けたりすることができます。画像に を合わせ の左ボタンを押します。画像が選択されたら、[書式] タブの [図のスタイル] グループにある に を合わせ の左ボタンを押します。

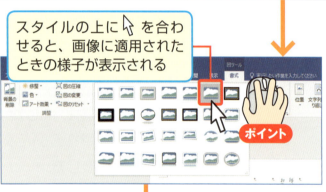

2 好みのスタイルを選択する

画像の周囲に効果を付けたスタイルの一覧が表示されます。好みの効果に を合わせ の左ボタンを押します。

3 スタイルが設定された

選んだスタイルが画像に設定されます。ここでは、周囲をぼかす効果を選びました。これではがきが完成です！

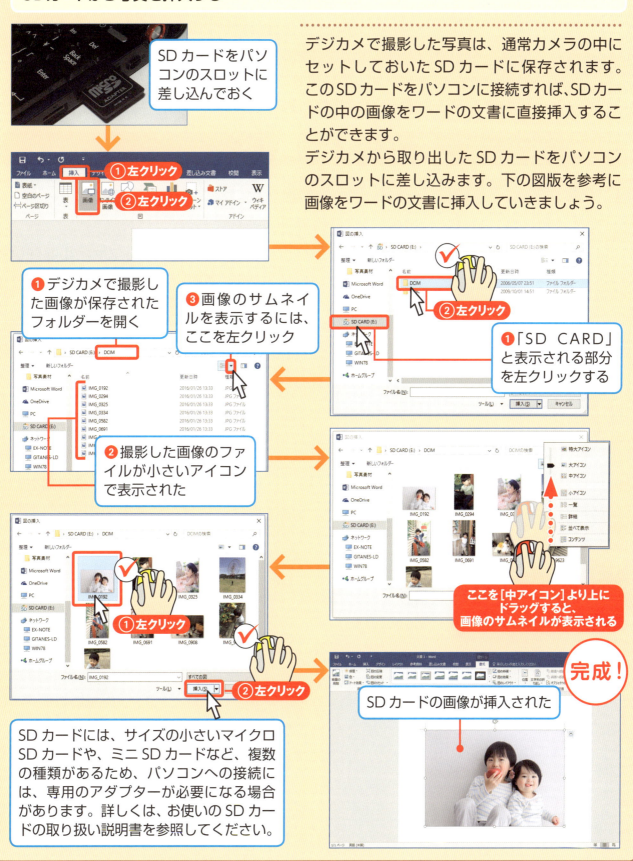

Lesson 15 はがきを印刷しよう

はがきが完成したらいよいよ印刷です。基本的な印刷の方法だけでなく、プリンターの設定を変更して写真を高品質で印刷する方法も知っておきましょう。

はがきを印刷する

1 [印刷]を左クリック

完成したはがきのファイルを開いておきます →P.16参照。 ファイル に ▷ を合わせ 🖱 の左ボタンを押します。

続けて[印刷]に ▷ を合わせ 🖱 の左ボタンを押します。

Point

あらかじめプリンターの電源を入れて、はがきを正しい向きにセットしておきましょう。

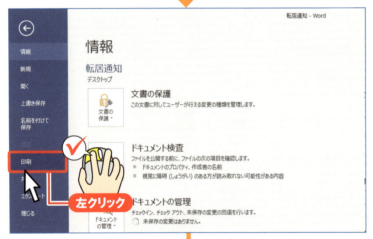

2部以上印刷する場合は、ここに部数を入力する

2 印刷する枚数を指定

印刷画面に切り替わり、右にはがきが表示されます。初期設定では、はがきは1枚印刷されます。2枚以上印刷する場合は、[部数]にはがきの枚数を指定しましょう。右側の ▲ か ▼ を 🖱 左クリックするか、空欄に数字を直接入力します。

第2章 はがきを作ろう

③ [印刷] ボタンを左クリック

🖨印刷 に 🖱 を合わせ 🖱 の左ボタンを押します。これで、はがきが印刷されました。

Column

写真を高品質で印刷する

デジカメ写真を挿入したはがきの場合は、プリンターの設定を変更すると、写真を鮮明に印刷できます。
P.46 手順❷で［プリンターのプロパティ］に🖱を合わせ🖱の左ボタンを押すと、お使いのプリンターの［プロパティ］ダイアログボックスが開きます。ここで印刷する紙の種類を指定したり、印刷の品質を変更したりすることができます。なお、設定する項目や画面はプリンターの機種によって異なります。
設定を変更後は、[OK]を🖱左クリックすると、前の画面に戻ります。🖨印刷 を🖱左クリックして印刷を実行しましょう。

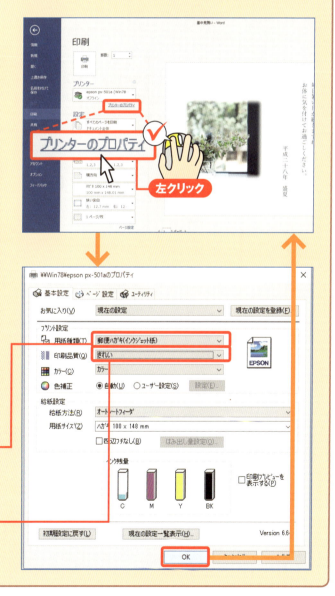

用紙の種類を変更すると、用紙に合った印刷方法が設定される

印刷の品質を「きれい」「高品質」などに変更すると画像などが鮮明で細やかに印刷される

15 はがきを印刷しよう

第3章 同窓会の往復はがきを作ろう

Lesson 16 ポイントを確認しよう

往復はがきは、クラス会の連絡などで使う機会が多いものです。そんな往復はがきをワードで作ります。往信面と返信面を別々に作成し、はがきの両面に印刷して使いましょう。

往信面を作成しよう

往復はがきは、ウィザードという機能の指示に答える形で作成します。往信面を作成、印刷したら、返信面も作成しましょう。

宛名面に往復はがきを出す宛先を印刷するように指定します。あらかじめエクセルで住所録を作っておくと、そのファイルを元に順番に送付先を印刷できます → P.50 参照

返信内容の文面を作成します → P.53 参照

差出人の名前を印刷するように設定します → P.51 参照

返信面を作成しよう

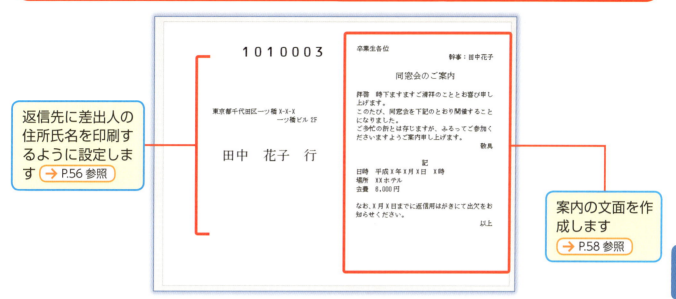

返信先に差出人の住所氏名を印刷するように設定します → P.56 参照

案内の文面を作成します → P.58 参照

Column

ウィザードで左に宛先、右に文面を作成する

往復はがきの作成には、ワードの「はがき宛名面印刷ウィザード」という機能を使います。ウィザードを起動したら、最初の画面で［往復はがき］を選択すると（P.50 手順❷参照）、あとは指示に従って操作するだけで往信面の左側に送付先の宛先を印刷できるようになります。また、右には文面を自由に入力し、書式設定して美しく仕上げることができます。

ウィザード完了後、往信面の左には、エクセルの住所録から取り出された送付先の住所や氏名が印刷される

ウィザードが完了すると、右面は空欄になるので、自由に文面を入力できる

Column

往信面と返信面で別のファイルになる

レッスン17 とレッスン18 で往復はがきのデータを作成すると、往信面を作成した文書と、返信面を作成した文書の2つのファイルが出来上がります。印刷するときは、往復はがきの往信面には「往復はがき往信面」を、返信面には「往復はがき返信面」のファイルをそれぞれ個別に印刷します。

Lesson 17 往信面を作ろう

練習用ファイル
L17 フォルダー

ウィザードを使って往復はがきの往信面を作りましょう。はがきの左半分には、P.120で作成するエクセルの住所録から、郵送先の住所や氏名を順番に印刷できるように設定します。

第3章 同窓会の往復はがきを作ろう

宛先を住所録から印刷させる

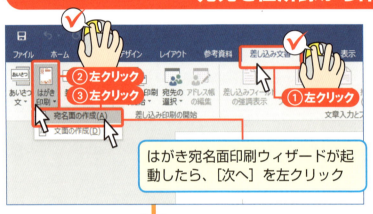

はがき宛名面印刷ウィザードが起動したら、[次へ]を左クリック

1 ウィザードを起動

ワードを起動して新規文書を表示しておきます（→P.20参照）。[差し込み文書]タブの[作成]グループにある「はがき印刷」を左クリックします。表示された一覧から[宛名面の作成]を左クリックします。

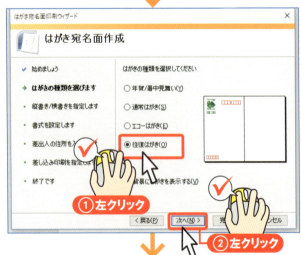

2 はがきの種類を選ぶ

作成するはがきの種類で、[往復はがき]を左クリックして、[次へ]を左クリックします。

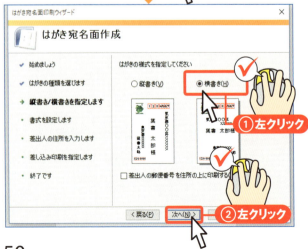

3 縦書きか横書きかを選択

はがきの様式で[横書き]を左クリックして、[次へ]を左クリックします。

50

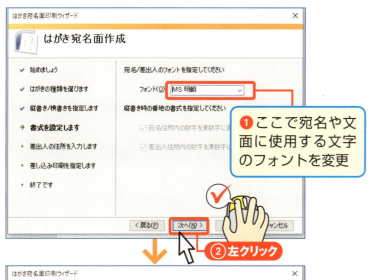

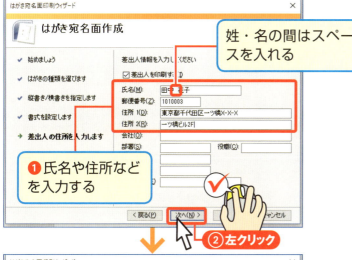

 4 フォントの種類を選ぶ

宛名や文面に使用する文字のフォントを変更するには、[フォント]の ▽ を 左クリックして、表示された一覧から選択します。[次へ]を 左クリックします。

 5 差出人の住所氏名を入力

[差出人を印刷する]にチェックが入っています。差出人の氏名、郵便番号、住所などを入力します。[次へ]を 左クリックします。

 6 宛先を指定する

はがきの往信面には、エクセルの住所録ファイルに入力しておいた宛先を順番に印刷します。[既存の住所録ファイル]を 左クリックします。続けて[参照]を 左クリックします。

 7 住所録ファイルを選ぶ

[住所録ファイルを開く]ダイアログボックスが開いたら、住所録ファイルに を合わせ 左クリックして、[開く]を 左クリックします。

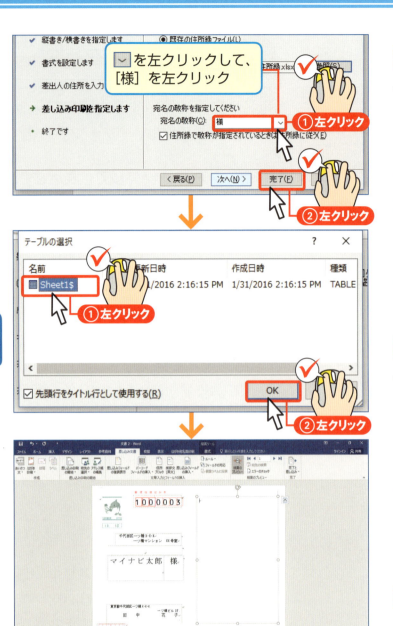

8 敬称に「様」を選ぶ

[住所録ファイル名]の欄に、選択した住所録ファイルの保存先が表示されます。[宛先の敬称]の⌄を左クリックします。表示された一覧から[様]を🖱左クリックして、[完了]を🖱左クリックします。

9 エクセルのシートを選ぶ

手順❼で指定したエクセルのファイルで、住所録の表が入力されたシート（ここでは[Sheet1]）を🖱左クリックして選びます。[OK]を🖱左クリックします。

10 宛名部分が完成した

住所録の1件目の宛先が表示されます。

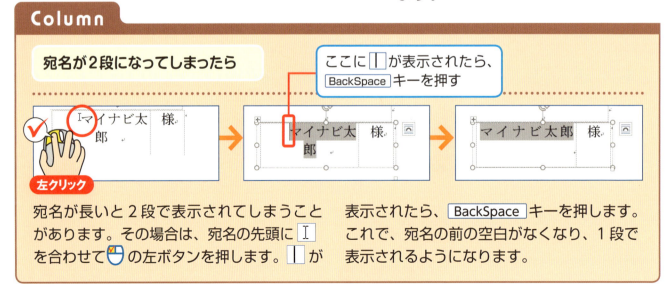

Column

宛名が2段になってしまったら

宛名が長いと2段で表示されてしまうことがあります。その場合は、宛名の先頭に I を合わせて🖱の左ボタンを押します。I が表示されたら、BackSpaceキーを押します。これで、宛名の前の空白がなくなり、1段で表示されるようになります。

ここに I が表示されたら、BackSpaceキーを押す

返信用の文面を作成する

1 同窓会の返信内容を入力

テキストボックスの中に が を合わせ の左ボタンを押すと、カーソルが表示されます。同窓会に出席するかどうかを連絡する返信用の文面を入力しましょう。

この部分の文字サイズを大きくする → P.26 参照

2 文字サイズを拡大する

テキストボックスに入力した文字には、普通の文章と同じように書式を設定できます。P.26 を参考にして「御出席　御欠席」の部分を選択し、文字サイズを大きくしましょう。

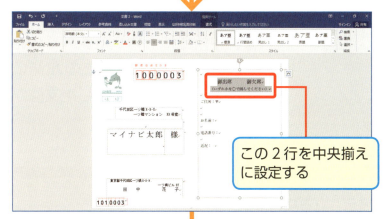

この2行を中央揃えに設定する

3 配置を中央に変更する

同様に P.26 を参考にして「御出席　御欠席」とその下の行をテキストボックス内で中央に配置します。

完成！

4 往信面が完成した

これで往信面が完成しました。この文書を「往復はがき往信面」という名前で保存しましょう → P.14 参照 。

17 往信面を作ろう

往信面を印刷する

1 印刷を実行

往復はがきの往信面を印刷しましょう。プリンターに往復はがきを正しくセットしておきます。「往復はがき往信面」のファイルを開いた状態で、[はがき宛名面印刷]タブの[印刷]グループにある[すべて印刷]を左クリックします。

> 宛名面に表示された切手の部分や郵便番号の枠は飾りですので、印刷されません。

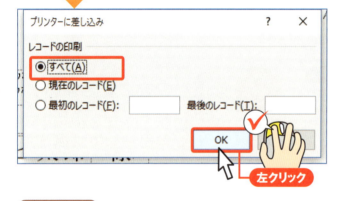

2 すべての宛先を印刷

[プリンターに差し込み]ダイアログボックスが開きます。[すべて]が選択されていることを確認したら[OK]を左クリックします。これで、住所録に入力したすべての宛先が1枚ずつ往復はがきの左側に印刷され、右側には作成した文面が印刷されます。

Point

往信面のファイルを開くとメッセージが表示される場合は？

「往復はがき往信面」を保存すると、エクセルの住所録ファイルへのリンク関係を保った状態でファイルが保存されます。以後は、「往復はがき往信面」のファイルを開くと（→P.16参照）、「この文書を開くと、次のSQLコマンドが実行されます。」というメッセージが表示されます。はがきに最新状態の宛先を正しく印刷するには、[はい]を左クリックします。

Column

文面のみの往復はがきを作成したい場合は？

宛名を手書きしたい場合は、次のように操作すれば往復はがきの文面だけをワードで作成できます。
なお、この方法で作成した往復はがきを印刷する方法については、P.59を参照してください。送付先の住所を印刷しないため、エクセルの住所録ファイルは必要ありません。また、返信面も同様の手順で文面だけを作成することができます。

1 差出人を印刷しないようにする

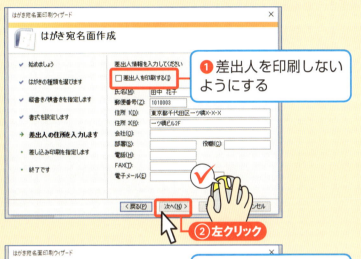

P.50の手順を進めます。P.51の手順 ❺ では、[差出人を印刷する] の ☑ を左クリックして、□ の状態にします。[次へ] を左クリックします。

2 宛先を印刷しないようにする

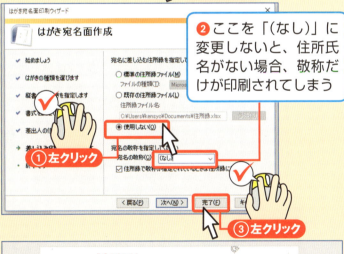

続く画面では、[使用しない] の ○ を左クリックして ⦿ の状態にします。さらに [宛名の敬称] の ∨ に ▷ を合わせ の左ボタンを押します。表示された一覧から [（なし）] を左クリックします。[完了] を左クリックします。

3 宛名面に何も表示されなくなる

完成した往信面のレイアウトが表示されます。これで左側の宛先には何も印刷されなくなります。あとは、P.53の手順を参考に、右側のテキストボックスに文面を作成しましょう。

宛先と差出人が印刷されなくなった

17 往信面を作ろう

Lesson 18 返信面を作ろう

レッスン17では、往復はがきの往信面を作成しました。続けて返信面のレイアウトを作成しましょう。返信面でも「はがき宛名面印刷ウィザード」を使用します。

返信用の宛名面を作る

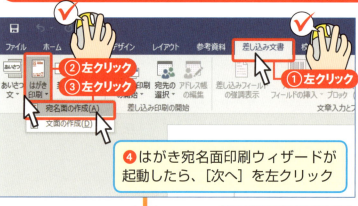

❹ はがき宛名面印刷ウィザードが起動したら、[次へ] を左クリック

1 ウィザードを起動

新規文書を表示しておきます（→ P.20 参照）。[差し込み文書] タブの [作成] グループにある はがき印刷 を左クリックして、一覧から [宛名面の作成] を 左クリックします。

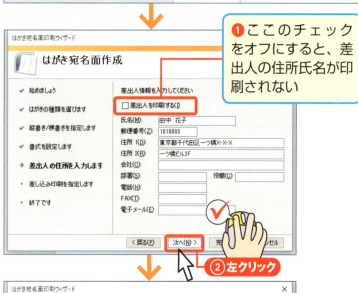

❶ ここのチェックをオフにすると、差出人の住所氏名が印刷されない

2 差出人を印刷しないようにする

P.50 手順❶から P.51 の手順❹まで同様に操作して、次の画面で [差出人を印刷する] の ☑ を 左クリックして、□ の状態にします。[次へ] を 左クリックしましょう。

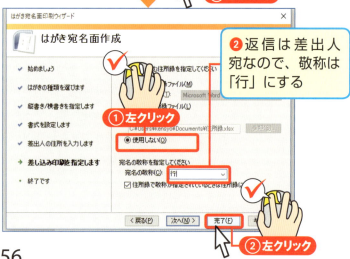

❷ 返信は差出人宛なので、敬称は「行」にする

3 宛先を印刷しないようにする

[使用しない] の ○ を左クリックして ◉ の状態にします。さらに [宛名の敬称] の ∨ を左クリックして [行] を左クリックします。[完了] を左クリックしましょう。

4 宛先面に「行」だけが表示された

ウィザードが終了します。返信面の左側には、宛先も差出人も表示されず、「行」という敬称だけが表示されています。

返信用はがきの敬称である「行」が表示される

5 返信先の住所、氏名を指定

往復はがきの返信先となる人の住所、氏名を入力します。［はがき宛名面印刷］タブの［編集］グループにある  を左クリックします。

①左クリック
②左クリック

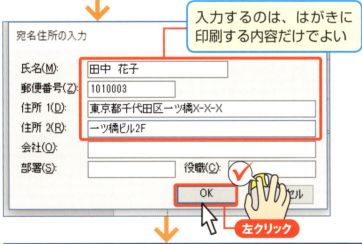

入力するのは、はがきに印刷する内容だけでよい

6 返信先の情報を入力

［宛名住所の入力］ダイアログボックスが開きます。氏名、郵便番号、住所などを入力します。済んだら［OK］を  左クリックします。

左クリック

7 宛名面が完成した

返信先の住所や氏名が表示され、宛名面が完成しました。

文面を作成する

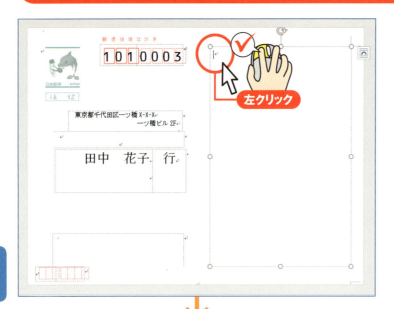

1 テキストボックス内で左クリック

右の空欄に 🖱 を合わせ左クリックします。テキストボックスの点線枠が表示され、その中にカーソルが表示されるので、文面を入力します。往復はがきは中央で切って返信するため、返信面の右半分には、往信用の文面を配置します。ここでは同窓会への案内文を入力します。

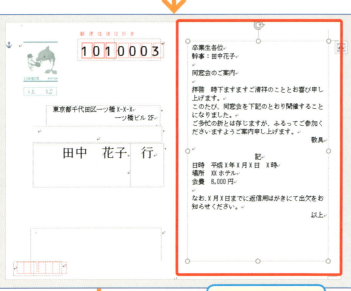

Column

「敬具」や「以上」は自動で入力される

手紙でよく使用する言葉の組み合わせに「拝啓 - 敬具」や「記 - 以上」があります。ワードでは「拝啓」と入力して Enter キーを押すと、「敬具」が自動的に入力され、右揃えに設定されます。また「記」と入力し、Enter キーを押すと、「記」が中央揃えになり、「以上」が右揃えで入力されます。

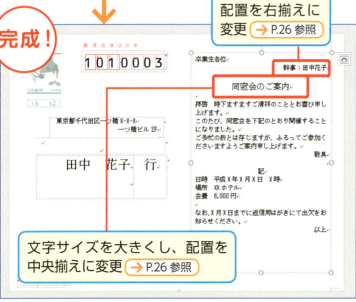

2 文章に書式を設定する

2行目の「幹事：田中花子」を右揃えに設定し、3行目の「同窓会のご案内」の文字サイズを大きくして、中央揃えにします。P.14を参考にしてこの文書を「往復はがき返信面」という名前で保存しましょう。

返信面を印刷する

1 [ファイル] を左クリック

返信面は、往信面を印刷したはがきの裏面に印刷します。あらかじめプリンターの電源を入れて、往信面を印刷した往復はがきを正しい向きにセットしておきましょう。

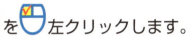 を左クリックします。

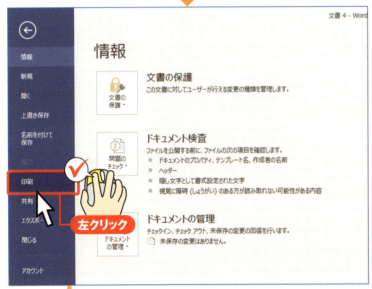

2 [印刷] を左クリック

[印刷] を左クリックします。

3 印刷を実行

印刷画面に切り替わり、右に作成した返信面が表示されます。確認が済んだら [印刷] を左クリックします。これで、往復はがきの返信面が印刷され、往復はがきが完成します。

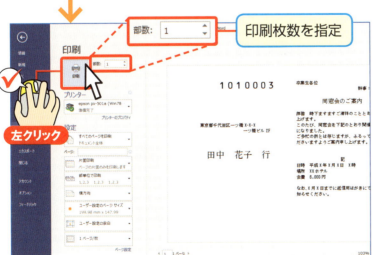

印刷枚数を指定

Point

返信面の印刷枚数を変更する

返信面は、往信面を印刷した往復はがきの裏面に印刷するため、往信面を印刷したのと同じ枚数を印刷することになります。2枚以上の場合は、[部数] に印刷する枚数を指定しましょう。枚数を指定するには、[部数] の右側にある▲か▼を左クリックするか、空欄に数字を直接入力します。

18 返信面を作ろう

第4章 イベントの案内チラシを作ろう

Lesson 19 ポイントを確認しよう

案内用のチラシでは必要事項を1枚にまとめ、イラストを配置して見栄えをよくします。部分的に縦書きで文章を入れる操作や、記入欄の表を作る操作もマスターしましょう。

タイトルの修飾やレイアウトを工夫する

文字に効果を設定し、チラシのタイトルを目立たせます。文字サイズを拡大するだけでなく、影や枠線、立体効果などが設定された人目を引くタイトルになります →P.64 参照

ピアノのイラストを入れたら、その周囲に文章が回り込むように設定します。文章と絵が一体となって表示されます →P.68 参照

日時、場所などの伝達事項は、箇条書きで表示します。行の先頭に「●」などの記号を追加しましょう →P.67 参照

縦書きのプログラムを挿入し、記入欄の表を作る

コンサートのプログラムを縦書きで作りましょう。文章全体は横書きですが、テキストボックスを使えば、一部分だけ縦書きにすることができます → P.70 参照

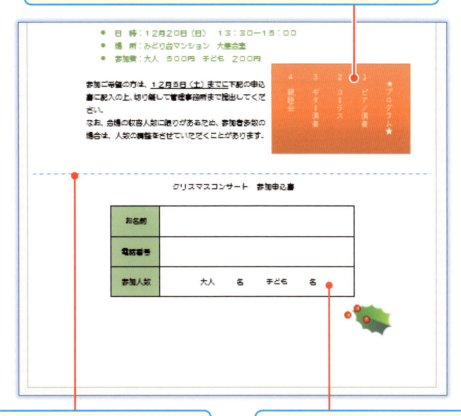

切り取り線を印刷します。図形の機能を使うと、好きな位置に直線を引くことができます。印刷したチラシを切り取って使わせたいときに便利です → P.86 参照

表の機能を使って、申込書の記入欄を作ります。氏名などを手書きで入力できるように幅や高さに余裕のある表を作りましょう → P.76 参照

19 ポイントを確認しよう

Column

思わず行きたくなるようなチラシを作ろう！

ピアノの絵のすぐ近くまで文章が印刷されているけど、こんなこともできるのね。

下の部分が申込書になっているのがいいわ。でも難しくない？

こうするとレイアウトに変化が出て、楽しそうな雰囲気が伝わりますね。

小さな表なら初めての人でも作れます。さっそくやってみましょう。

Lesson 20 文章の書式を設定しよう

練習用ファイル
L20フォルダー

本文を入力したら、書式を設定しましょう。タイトルは大きく目立つように効果を付けます。また日時や場所などの伝達事項は、箇条書きにすると見やすくなります。

第4章 イベントの案内チラシを作ろう

文字のフォントを一括変更する

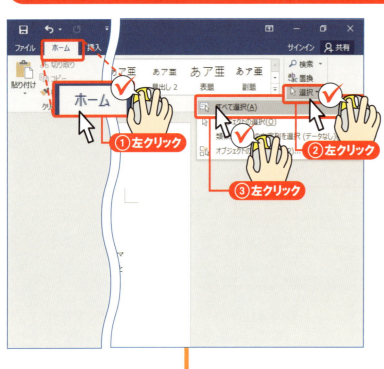

1 すべての文字を選択

ワードを起動して、新規文書を表示したら→P.20参照、本文の文章を入力しておきます。［ホーム］タブの［編集］グループにある 選択▼ を左クリックします。表示された一覧から［すべて選択］を左クリックしましょう。

2 すべての文字が選択された

これで文書中のすべての文字が選択されます。続けてフォントの種類を変更しましょう。

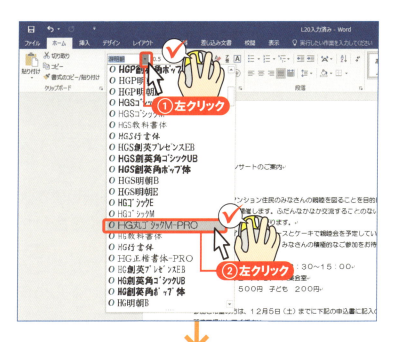

③ フォントの種類を変更する

の▼を🖱左クリックしましょう。表示される一覧で使いたいフォントを選んで、🖱左クリックします。

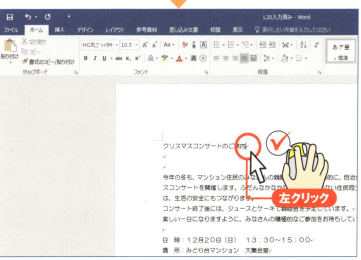

④ フォントが変更された

これでフォントの種類が変更されました。文章中で🖱左クリックすると、選択が解除されます。

20 文章の書式を設定しよう

Column

マウスを合わせるだけでフォントを確認できる

游明朝 の▼に🖱を合わせて🖱左クリックし、表示される一覧で使いたいフォントに🖱を合わせると、そのフォントを適用した様子が、選択した文字に表示されます。ここで確認してから🖱左クリックすると間違いが少なくなります。

> フォントの一覧に🖱を合わせると、本文中に変更後の様子が表示される

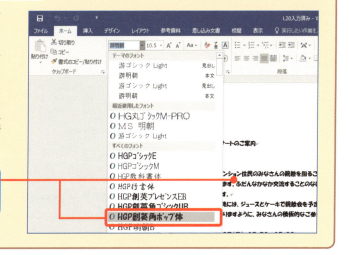

63

タイトルの文字サイズを拡大する

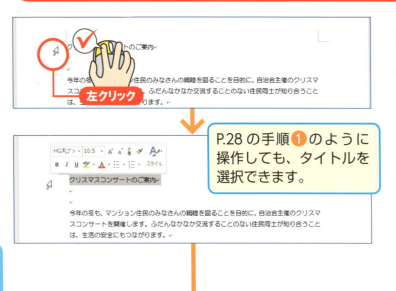

1 タイトルの文字を選択

タイトルが目立つように文字サイズを変更しましょう。
まず、タイトル部分を選択します。タイトルの行の左側に を合わせます。 のように表示されたら の左ボタンを押すと、タイトルの行が選択されます。

P.28の手順①のように操作しても、タイトルを選択できます。

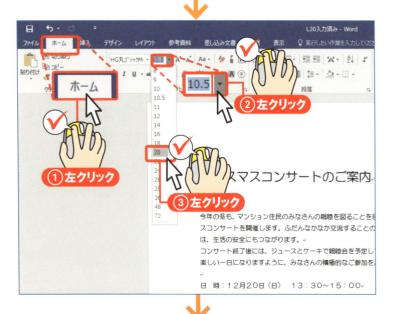

2 フォントサイズを選択

[ホーム]タブの[フォント]グループにある 10.5 の を 左クリックします。表示された一覧から、設定したいサイズに を合わせて 左クリックしましょう。

3 文字サイズが大きくなった

選択しておいたタイトルの文字サイズが拡大されました。

タイトルに効果を付けて中央揃えにする

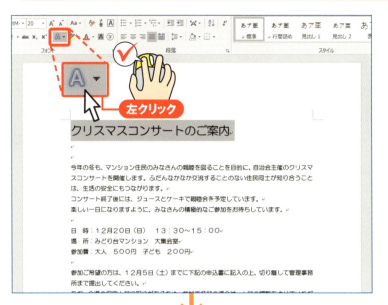

1 [文字の効果] を左クリック

拡大したタイトルに［文字の効果］を設定すると、影や輪郭が追加され、見栄えがよくなります。P.64 手順 ❶ の操作でタイトルの行を選択します。［フォント］グループの A▼ を左クリックします。

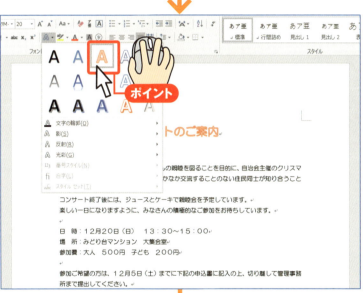

2 効果の種類を選択

効果の一覧が表示されます。🔺 を合わせると、その効果が設定された様子を画面で確認できます。🖱 の左ボタンを押すと、タイトルに効果が設定されます。

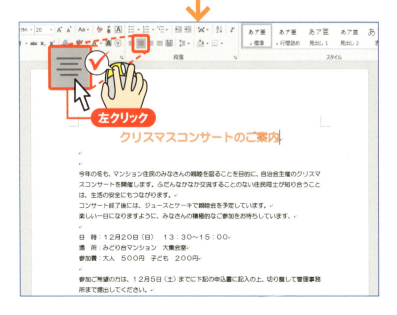

3 タイトルが完成した

［段落］グループの ≡ に 🔺 を合わせ🖱 左クリックします。タイトルが中央揃えに設定されました。

20 文章の書式を設定しよう

目立たせたい文字の色を変える

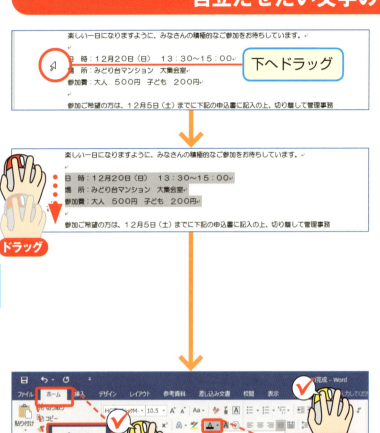

1 日時や場所の行を選択

日時など、目立たせたい文字の色を変更しましょう。
まず、対象となる段落をまとめて選択します。選択範囲の先頭行である「日時」の左側に矢印を合わせます。

矢印に変わったらマウスの左ボタンを押したまま、「参加費」の行までマウスを動かします。これで、行をまとめて選択できます。

2 フォントの色を変更する

文章が選択された状態で、Aの▼にカーソルを合わせマウスの左ボタンを押します。表示されたカラーパレットから好きな色にカーソルを合わせマウスの左ボタンを押します。

3 文字の色が変わった

選択していた行の文字の色が変わりました。

第4章 イベントの案内チラシを作ろう

箇条書きの先頭に記号を付ける

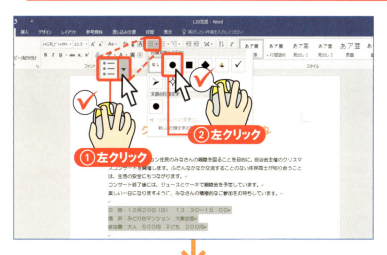

1 [箇条書き]を左クリック

日時や場所などの先頭には、記号を付けて読みやすくします。P.66 手順❶の操作で、行を選択しておきます。[段落]グループにある ▾ の ▾ を左クリックします。表示された一覧から ● に を合わせ左クリックします。

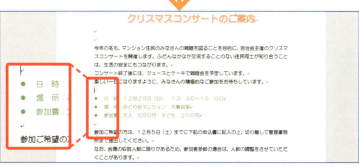

2 記号が表示された

段落の先頭に ● が表示されました。なお、先頭の記号を削除するには を左クリックします。

箇条書きの先頭を右へ移動する

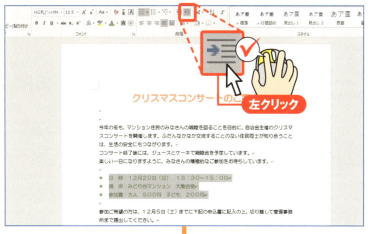

1 [インデントを増やす]を左クリック

先頭の位置を右へずらすと、文章のレイアウトにメリハリがつきます。P.66 手順❶の操作で、行を選択しておきます。[段落]グループにある を左クリックします。

2 行の先頭が右側にずれた

選択しておいた行の先頭位置が右に移動しました。なお、先頭の位置を元に戻すには[段落]グループにある を左クリックします。

Lesson 21 イラストを入れて周囲に文字を配置しよう

練習用ファイル L21フォルダー

イベントの内容に合ったイラストを挿入してチラシを華やかに飾りましょう。その際、大きなイラストの輪郭に合わせて本文を回り込ませると、一体感のあるレイアウトになります。

第4章 イベントの案内チラシを作ろう

ピアノのイラストを挿入する

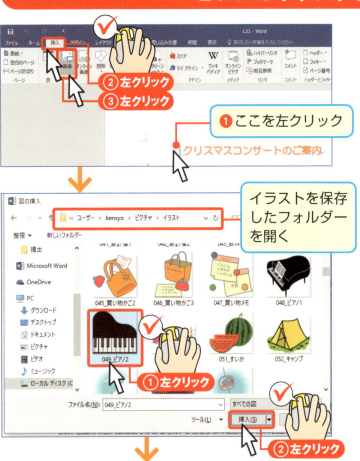

1 [画像] を左クリック

ここでは、チラシの左上にピアノの絵を挿入しましょう。文書の先頭を左クリックして、カーソルを移動しておきます。[挿入] タブの [図] グループにある [画像] に を合わせ左クリックします。

2 イラストを選択

[図の挿入] ダイアログボックスが表示されます。ピアノのイラストに を合わせて 左クリックします。続けて [挿入] を左クリックします。

3 挿入したイラストを縮小する

文書の先頭にイラストが挿入されました。イラストの右下角の に を合わせます。形が に変わったら左ボタンを押したまま左上へマウスを動かして 小さくします。

イラストの周囲に文字を回り込ませる

[狭く]とは、イラストの輪郭に合わせて周りの文章が詰めて配置されるレイアウトのことです。

1 [レイアウトオプション]を変更

イラストの形に沿って、文章が周囲に表示されるようにします。イラストを左クリックします。イラストが選択されたら、を左クリックします。表示された一覧から(狭く)にを合わせ左クリックします。

2 イラストを下に移動

ピアノの絵の周囲に文章が回り込んで表示されました。最後に、イラストを下へ移動します。イラストの中にを合わせ、左ボタンを押したまま、マウスを下へ動かします。

3 イラストが移動した

イラストが下に移動しました。枠線の外を左クリックして、イラストの選択を解除しましょう。

Point

イラストをドラッグ中、配置をそろえる位置に来ると、黄緑色の線が表示されます。詳しくはP.43コラムを参照してください。

Lesson 22 縦書きのプログラムを入れよう

練習用ファイル
L22フォルダー

チラシ全体は横書きですが、一部分だけ縦書きの文章を入れたい場合はテキストボックスを利用します。ここでは、コンサートのプログラムを縦書きで作ってみましょう。

第4章 イベントの案内チラシを作ろう

縦書きテキストボックスを描画する

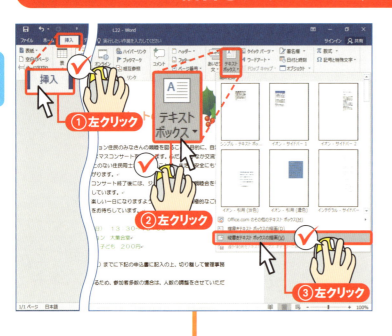

1 縦書きテキストボックスを挿入

［挿入］タブの［テキスト］グループにある テキストボックス に を合わせ の左クリックします。表示された一覧から［縦書きテキストボックスの描画］に を合わせ 左クリックします。

> テキストボックスを使うと、文書の好きな位置に文字を入れることができます。テキストボックスには、横書きと縦書きの2種類があります。

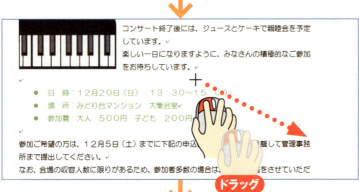

2 ドラッグして描画する

マウスのポインタが ＋ に変わります。左の画面のように ＋ を合わせて、左ボタンを押したまま右下に斜めにドラッグ します。

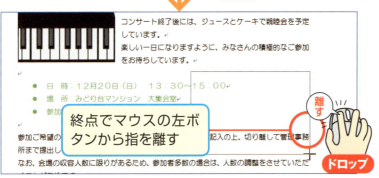

終点でマウスの左ボタンから指を離す

70

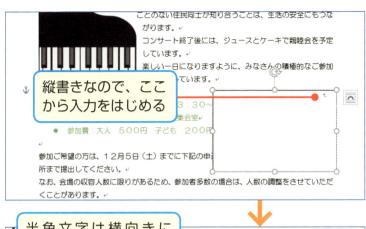

3 縦書きテキストボックスが表示

四角い枠が表示され、右上にカーソルが点滅します。これで縦書きテキストボックスが表示されました。

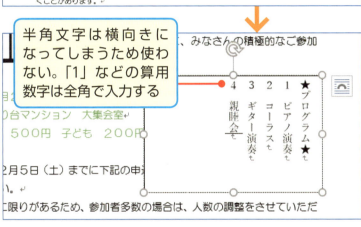

4 文字を入力する

左を参考に、プログラムの内容を入力しましょう。なお、番号と演目の間は、スペースを入力しています。また、↵で表示された箇所では Enter キーを押します。

フォントの種類とサイズを変更する

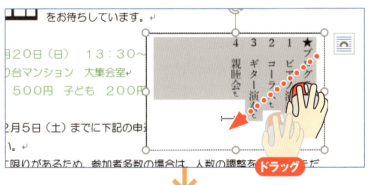

1 プログラムの内容を選択

テキストボックスに入力した文字を選択しましょう。文章の先頭位置に⊢を合わせて、左ボタンを押したまま左下へドラッグします。

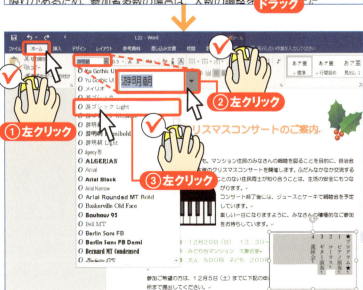

2 フォントの種類を変更する

[ホーム]タブを左クリックし、[フォント]グループの 游明朝 の▼を左クリックします。表示される一覧で使いたいフォントを左クリックします。

③ フォントサイズを変更する

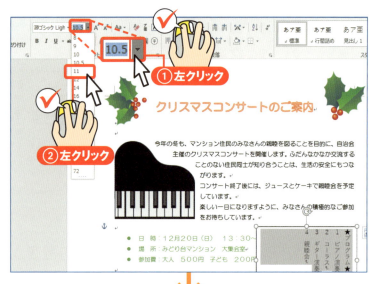

10.5 の ▼ に ↖ を合わせ 🖱 の左ボタンを押します。表示された一覧から、設定したいサイズに ↖ を合わせて 🖱 左クリックします。

④ 書式が変更された

これでフォントの種類とフォントサイズが変更されました。テキストボックスの外を左クリックして、選択を解除しておきましょう。

> フォントサイズを拡大すると、行と行の間隔が広くなり、文字がテキストボックスからはみ出してしまうことがあります。これは、次の手順でサイズを変更すれば解消されます。

テキストボックスのサイズを変更する

① 左下角をドラッグして拡大

入力した内容が収まる大きさになるよう、テキストボックスのサイズを変更しましょう。テキストボックスの中で 🖱 左クリックします。左下角の ○ に ⤡ を合わせ 🖱 の左ボタンを押したまま左下にマウスを動かします。

② テキストボックスが拡大された

テキストボックスが拡大され、プログラムの内容がすべて表示されました。

本文がテキストボックスと重ならないようにする

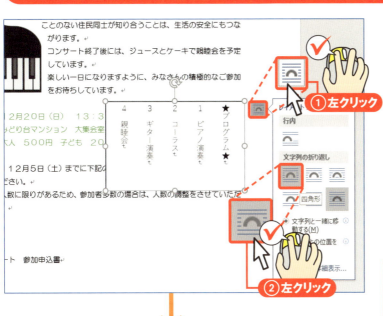

① [レイアウトオプション]を変更

テキストボックスの背後に隠れている本文をボックスの周囲に配置しましょう。テキストボックスの上で左クリックします。を左クリックして、オプションから（四角形）を選びます。

> [四角形]は、テキストボックスやイラストの周囲に四角く領域を取り、文章をその周囲に表示するレイアウトのことです。

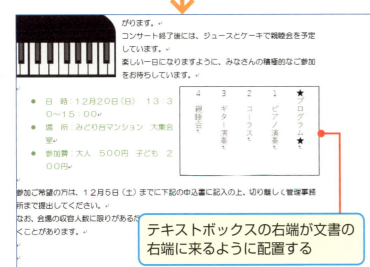

テキストボックスの右端が文書の右端に来るように配置する

② 文章が周囲に表示された

背後に隠れていた文章が、テキストボックスの手前で折り返して表示されます。これで文章が問題なく読めるようになりました。

テキストボックス内で文字の上に空きを作る

1 [インデントを増やす]を左クリック

テキストボックスの中の文字は上に詰めて表示されます。これでは読みづらいため、テキストボックスの上部に空きを作りましょう。
文章を選択して[ホーム]タブの[段落]グループにある ▥ を左クリックします。

2 上に空きができた

テキストボックスの文章が一段下がって、適度な空きができました。

テキストボックスの外観を見栄えよくする

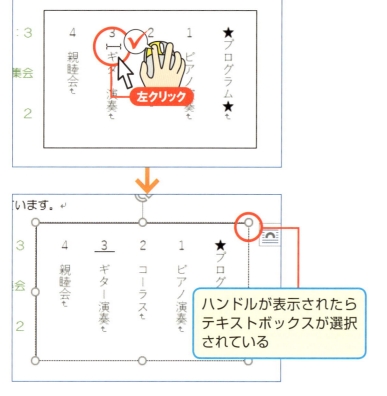

1 テキストボックスを選択する

スタイルを設定して、テキストボックスの背景の色や、文字の書式をまとめて変更してみましょう。
まず、テキストボックスを選択します。テキストボックス内に ⤢ を合わせ、🖱 左クリックすると、周囲に ○ が選択されます。

ハンドルが表示されたらテキストボックスが選択されている

② [スタイル]の一覧を表示

［書式］タブの［図形のスタイル］グループにある ▼ を左クリックします。

③ スタイルの種類を選択

スタイルの一覧が表示されたら、種類を選びます。使いたい種類に を合わせ 左クリックすると、そのスタイルがテキストボックスに適用されます。

テキストボックスを移動する

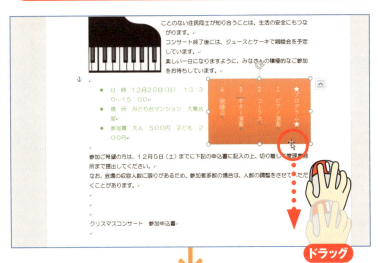

① テキストボックスをドラッグ

完成したテキストボックスを箇条書きよりもやや下に移動しましょう。テキストボックスの枠線に を合わせ、 の左ボタンを押したままマウスを下に動かします。

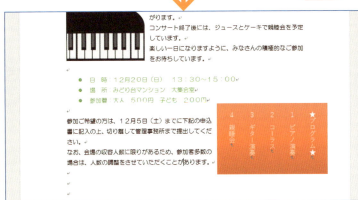

② テキストボックスが移動した

テキストボックスが移動しました。テキストボックスの外を左クリックして、選択を解除します。

Lesson 23 申し込み欄の表を作ろう

ちょっとした記入欄など表をワードで作る機会は多いものです。ここでは、イベントへの申し込み欄を作成して、ワードの表づくりの基本的な操作をマスターしましょう。

第4章 イベントの案内チラシを作ろう

表を挿入する

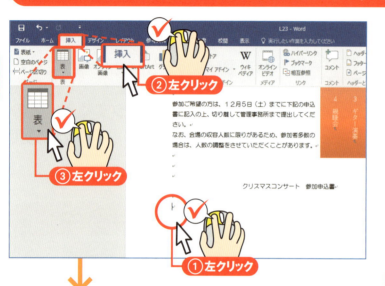

1 [表]を左クリック

文書の末尾にを合わせマウスの左ボタンを押します。カーソルが移動したら、[挿入]タブの[表]グループにある[表]にカーソルを合わせマウス左クリックします。

> 表はカーソルのある位置に挿入されるため、あらかじめ表を挿入したい位置にカーソルを移動しておきましょう。

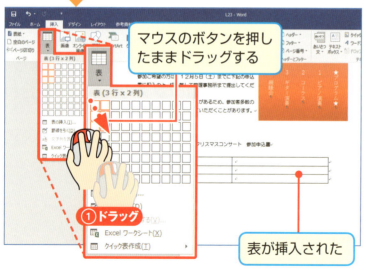

2 行数と列数をドラッグで指定

作成したい表の行数と列数の分だけマス目をドラッグします。ここでは、3行2列の表を作りたいので、カーソルを合わせマウスの左ボタンを押したまま、3行2列になるように、右下にマウスを動かします。

Point

行数や列数を間違えて表を挿入してしまった場合は、クイックアクセスツールバー（→P.12参照）の [↶] を左クリックします。

表に文字を入力する

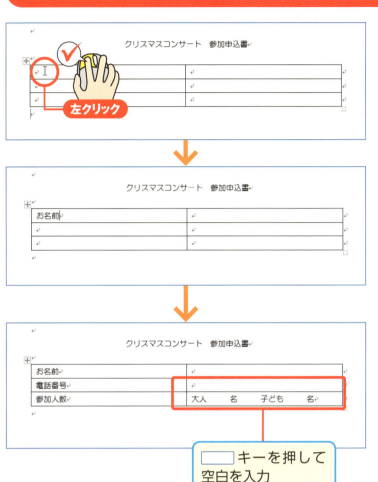

1 セルを左クリックして入力

表に文字を入力しましょう。まず、左上端のセルの中に I を合わせて左クリックします。カーソルが表示されるので、キーボードから「お名前」と入力します。

> 「セル」とは、表の一つ一つのマス目のことです。

2 他のセルにも文字を入力

同様にして他のセルを左クリックし、左の画面のように文字をすべて入力します。文字と文字の間を空けるには □ キーを押して空白を入力します。

□ キーを押して空白を入力

Column

改行するとセルは下に広がる

セル内で Enter キーを押すと改行が入り、セルの高さが下に広がります。間違えて改行した場合は BackSpace キーを押すと、改行が削除され、セルの高さが元に戻ります。

Enter キーを押す

BackSpace キーを押すと元に戻る

23 申し込み欄の表を作ろう

Column

行や列をあとから追加する

行や列が足りなくなったら、あとから自由に追加することができます。行や列を追加したい位置の先頭（行の場合は左端、列の場合は上端）にマウスを合わせて、⊕ が表示されたら、左クリックします。これで、新しい行や列が挿入されます。複数の行や列を追加したい場合は、この操作を繰り返します。

行の追加

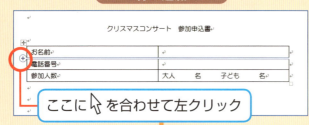

ここに 🖱 を合わせて左クリック

列の追加

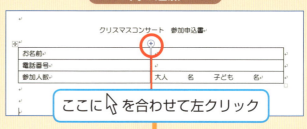

ここに 🖱 を合わせて左クリック

Column

行、列、表を削除するには？

余分な行や列を削除するには、まず削除したい行や列にあるいずれかのセル内を左クリックして、カーソルを移動します。次に［レイアウト］タブの［行と列］グループの

🔲 に 🖱 を合わせ 🖱左クリックします。表示された一覧から、削除する対象（列の場合は［列の削除］、行の場合は［行の削除］表全体の場合は［表の削除］）に 🖱 を合わせ 🖱左クリックします。なお、カーソルが表示されたセルのある行・列・表が削除の対象になります。

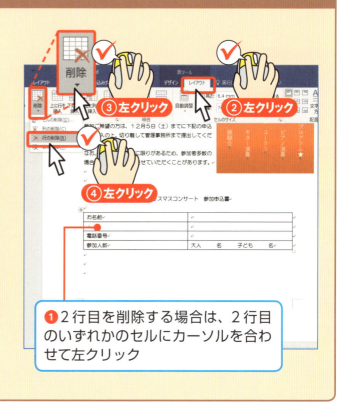

❶ 2行目を削除する場合は、2行目のいずれかのセルにカーソルを合わせて左クリック

列の幅を変更する

ダブルクリックの代わりにドラッグすると、自由な幅に列幅を変更できます。

1 1列目の幅を自動調整

1列目の幅が広すぎるので、一番長い言葉がちょうど収まる幅に列幅を変更しましょう。1列目の右の境界線に を合わせ に変わったら、

 の左ボタンを2回すばやく押します（ダブルクリック）。

2 列幅が自動調整された

1列目の列幅が変わって、最も文字数の多い内容が無理なく収まる幅になりました。

表全体を拡大する

1 右下端でドラッグ

手書きで文字を記入できる程度の広さになるよう、表全体の高さや幅を広げましょう。表の中に を合わせます。すると、表の右下角に が表示されます。ここに を合わせ

て、 に変わったら、 の左ボタンを押したまま、マウスを右下へ動かします。

 は、表の中に があるときに表示されます。うまく表示されないときは、表内のセルを左クリックしましょう。

2 表全体が拡大した

これで、表全体の高さと幅が一度に広がりました。

> 表を下に広げすぎると、チラシが2ページになってしまいます。その場合は、1ページに収まるように、表を縮小しておきましょう。

表内の文字の配置を変更する

1 表全体を選択

まず、表内のすべてのセルを選択します。表の中に I を合わせます。すると、表の左上角に ⊞ が表示されます。ここに ▶ を合わせて、左クリックします。

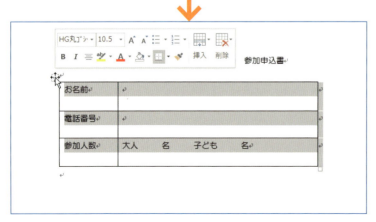

2 表全体が選択された

表内のすべてのセルが選択されました。

> **Point**
>
> ⊞ を左クリックすると、表全体が選択されます。また、表全体が選択されると、表の上にミニツールバー（→ P.29 参照）が自動的に表示されます。

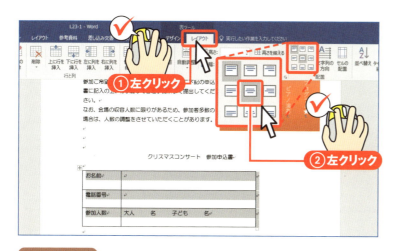

3 [配置]のボタンを左クリック

[レイアウト]タブの[配置]グループにある▣に▶を合わせて🖱左クリックします。

Point [配置]ボタンの選び方

文字の配置には、上下と左右の2方向があります。指定したい配置に応じて[配置]グループのボタンを選んで指定します。

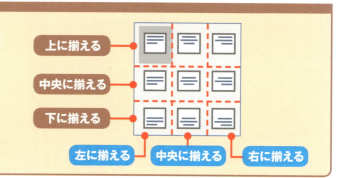

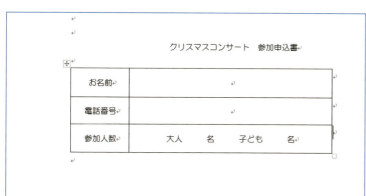

4 セル内で中央揃えになった

すべてのセルの文字が、セルの中で上下左右ともに中央に配置されました。表の外を🖱左クリックして、表の選択を解除しておきましょう。

見出しのセルの背景を塗りつぶす

1 1列目を選択

1列目の見出しのセルには、背景に色を付けておくとアクセントになります。色を付けたい列の上端に▶を合わせ⬇に変わったら、🖱左クリックします。

列を選択するには、対象となる列の上の境界線に▶を合わせ⬇に変わったら🖱左クリックします。

23 申し込み欄の表を作ろう

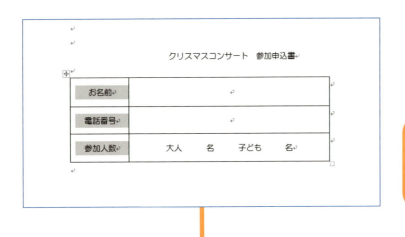

1列目が選択された

1列目が選択されました。

> 行を選択したい場合は、対象となる行の左にポインターを合わせ形が変わったら左クリックします。

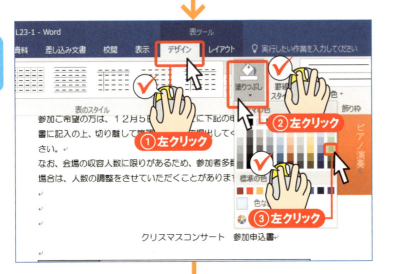

3 [塗りつぶしの色]から色を選択

[デザイン]タブの[表のスタイル]グループにある塗りつぶしの ▼ にポインターを合わせ左クリックします。表示された一覧から好きな色にポインターを合わせ左クリックします。

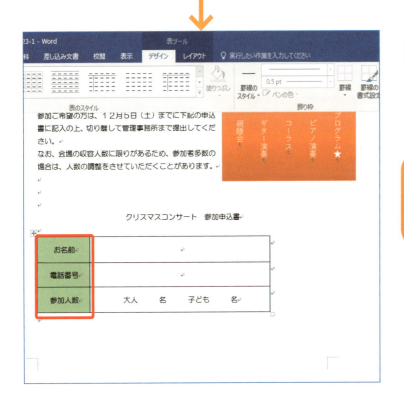

4 塗りつぶしの色が設定された

1列目のセルに塗りつぶしの色が設定されました。

> 塗りつぶしの色を解除するには、塗りつぶしを左クリックし、[色なし]を左クリックします。

表をページの中央に配置する

1 表全体を選択

完成した表をページの左右中央に配置しましょう。まずは、表全体を選択します。表の中に  を合わせ、表の左上角に 田 が表示されたら、↖を合わせて 🖱左クリックします。

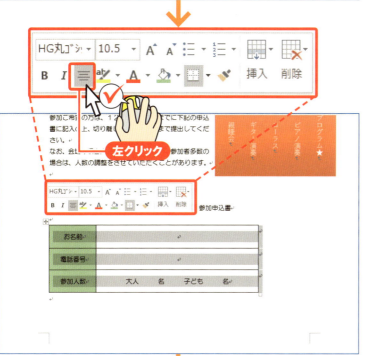

2 ［中央揃え］を左クリック

表全体が選択されました。同時に表示されるミニツールバーの  に ↖ を合わせて 🖱 左クリックします。

> ミニツールバーではなく、［ホーム］タブの［段落］グループにある ≡ を左クリックしてもかまいません。

3 ページの左右中央に配置された

表がページの左右の中央に配置されました。

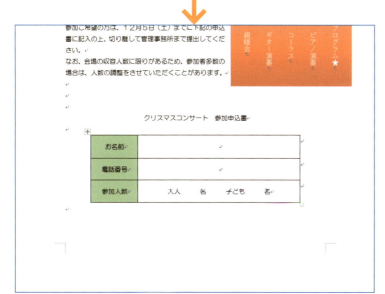

Lesson 24 切り取り線を入れよう

申込書の上に切り取り線を印刷しましょう。文書に直線を描くには、ワードの図形機能を使います。線の種類や太さ、色などを自由に変更する方法をマスターしましょう。

第4章 イベントの案内チラシを作ろう

直線を引く

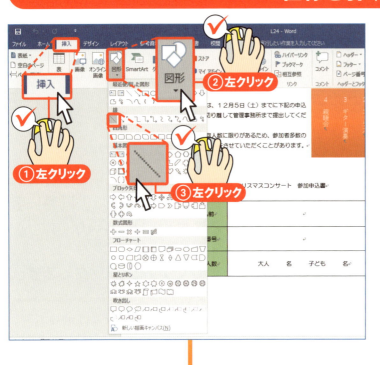

1 [直線]を左クリック

[挿入]タブの[図]グループにある  図形 に ▷ を合わせ 左クリックします。表示された一覧から ╲ に ▷ を合わせ 左クリックします。

2 ドラッグして図形を描く

マウスポインターの形が ✚ に変わります。切り取り線を引き始める位置に ✚ を合わせます。左手で Shift キーを押したまま 🖱 の左ボタンを押し続け、マウスをページの右端まで動かします（ドラッグ）。

Point

Shift キーを押したままドラッグすると、垂直、水平方向にまっすぐ直線を描けます。

84

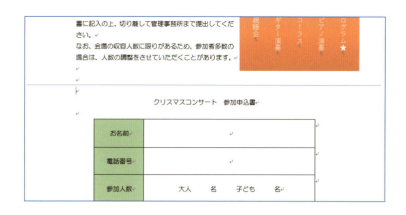

③ 直線が描かれた

直線が表示されたら、マウスの左ボタンから指を離し、次に [Shift] キーから指を離します。これで、水平方向にまっすぐ直線を描くことができました。

直線の種類や太さ、色を変更する

① 直線を選択する

直線の上に♪を合わせ🖱左クリックします。これで直線が選択され、左右の端に◯が表示されます。

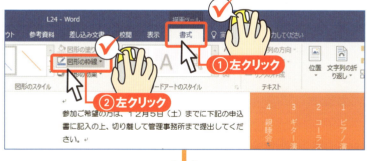

② 直線の種類を変更

[書式] タブの [図形のスタイル] グループにある  に♪を合わせて🖱左クリックします。表示された一覧から [実線/点線] に♪を合わせ、マウスを右へずらしてから下へ動かし、▬ ▬ ▬ ▬に♪を合わせて左クリックします。

> **Point**
>
> [実践/点線] に♪を合わせたあと、右→下へとマウスを直角に動かすのが、直線の種類をスムーズに選ぶコツです。

24 切り取り線を入れよう

3 破線に変更された

これで、直線の種類が破線に変更されました。

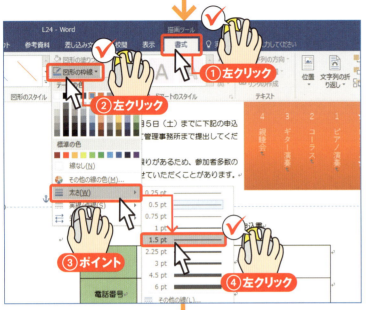

4 直線の太さを変更する

［書式］タブの［図形のスタイル］グループにある 図形の枠線▼ に を合わせ 左クリックします。表示された一覧から［太さ］に を合わせ、マウスを右へずらしてから下へ動かし、[1.5pt] に を合わせて 左クリックします。

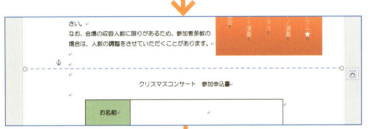

5 直線が太くなった

直線の太さが変更され、先ほどよりも太くはっきりと表示されました。

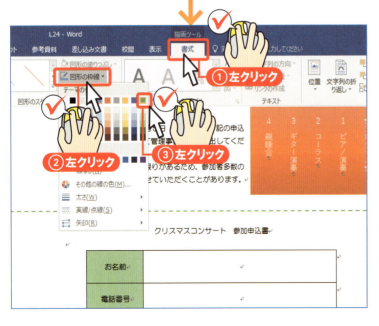

6 直線の色を変更する

［書式］タブの［図形のスタイル］グループにある 図形の枠線▼ に を合わせ 左クリックします。表示された色の一覧から好きな色に を合わせて 左クリックします。

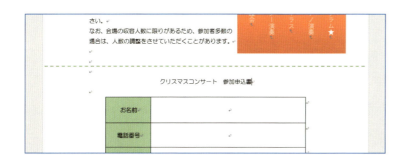

直線の色が変更された

直線の色が変更され、好み通りの切り取り線を描くことができました。なお、これでチラシは完成です。この文書を保存しましょう → P.14 参照 。

Column

切り取り線を移動・削除する

切り取り線の位置は、あとから微調整できます。P.85 手順 ❶ を参考に直線を選択しておき、マウスの左ボタンを押したまま、マウスを動かすと（ドラッグ）、直線を移動できます。また、切り取り線を削除するには、直線を選択後、Delete キーを押します。

Column

切り取り線の長さを変更する

切り取り線が長すぎたり短すぎたりした場合は、長さを変更しましょう。P.85 手順 ❶ を参考に直線を選択しておき、左右の端の ○ に ▷ を合わせて、🖱 の左ボタンを押したまま、左右にマウスを動かします（ドラッグ）。

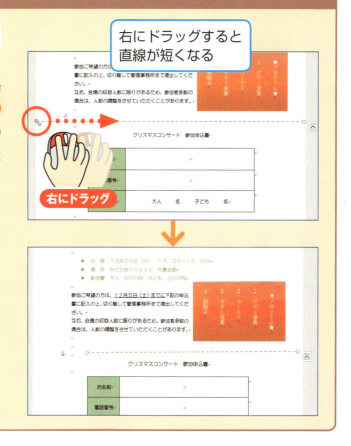

Lesson 25 チラシを印刷しよう

完成したチラシを印刷します。なお、印刷前にはレイアウトを確認して、チラシが2ページになってしまった場合は、1ページに収めてから印刷するようにしましょう。

印刷を実行する

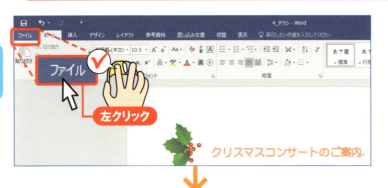

1 [印刷]を左クリック

作成したチラシのファイルを開いておきます →P.16参照。 ファイル に を合わせて左クリックします。続けて[印刷]を左クリックしましょう。

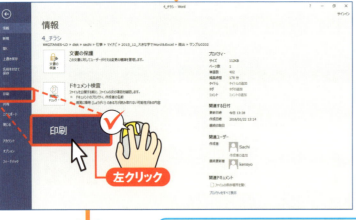

2枚以上印刷する場合は[部数]に枚数を指定する

2 [印刷]ボタンを左クリック

印刷画面に切り替わり、右にチラシが表示されます。レイアウトに問題がなければ 印刷 を左クリックします。これで、チラシが印刷されました。

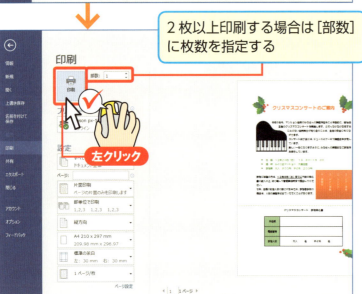

Column

チラシが2ページになってしまったら？

P.88の手順❶で［印刷］を左クリックし、設定画面を表示した際、全体が1ページに収まらず、2ページになってしまうことがあります。その場合は、下の図のように、余分な改行があれば、まずそれを削除しましょう。それでも収まらない場合は、文章の量を減らすなどして全体を1ページに収めてから印刷しましょう。

❶ チラシが2ページになってしまった
❷ 全体ページ数はここで確認。「2」ページになっている
❸ 左クリックして編集画面に戻る

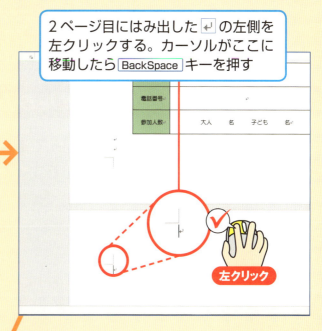

2ページ目にはみ出した⏎の左側を左クリックする。カーソルがここに移動したら BackSpace キーを押す

左クリック

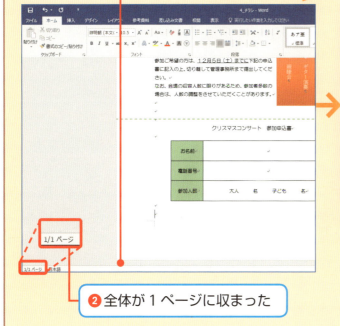

❶ 余分な改行が削除され2ページ目がなくなった
❷ 全体が1ページに収まった

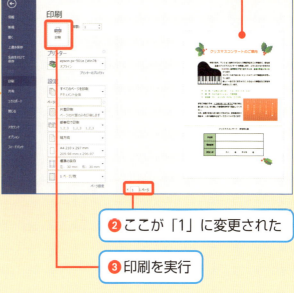

❶ ［印刷］の設定画面を開くと1ページの表示に変わった
❷ ここが「1」に変更された
❸ 印刷を実行

第5章 デジカメ写真のアルバムを作ろう

Lesson 26 ポイントを確認しよう

デジカメで撮影した写真をコラージュのように貼ったアルバムを作ってみましょう。画像を回転させ、自由に重ねてみると楽しい印象になります。写真にはコメントも付けられます。

飾り枠をアルバムの周りに付ける

アルバムの周囲をきれいな枠線で囲んでおくと、楽しい雰囲気がアップします。写真を配置するときの目安にもなり、便利です。

アルバムの周囲を絵柄のついたきれいな枠線で飾りましょう。これは「ページ罫線」という機能を使います → P.92 参照

アルバムの写真を楽しく飾る

写真を自由な角度に回転させてみましょう。アルバムにリズム感が生まれ、楽しい思い出の記録にぴったりです → P.92 参照

写真には記念にコメントを残しましょう。「テキストボックス」という機能を使うと、好きなところに文章を入力できます → P.100 参照

写真と写真を重ねて配置すると、スナップ写真を貼ったような奥行きが生まれます。重なり順序を調整する方法を知っておきましょう → P.94 参照

26 ポイントを確認しよう

Column

複数の写真を一度に挿入する

P.40 の手順でデジカメ写真を挿入する際、複数の写真を一度に挿入することができます。［図の挿入］ダイアログボックスで、1枚目の写真を左クリックし、Ctrl キーを押したまま2枚目以降の写真を順に左クリックします。その後［挿入］を左クリックすると、選んだ写真がすべて文書に挿入されます。

❷ Ctrl キーを押したまま左クリックすると、画像を追加で選択できる

① 左クリック

③ 左クリック

Lesson 27 アルバムの周囲を飾り枠で囲もう

練習用ファイル
L27 フォルダー

ワードにはページの周囲を絵柄の付いた枠線で囲む「ページ罫線」という機能があります。これを利用して、アルバムの周囲に見た目にも楽しい飾り枠を付けてみましょう。

アルバムのタイトルを作る

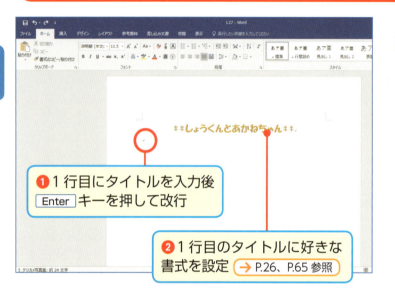

❶ 1行目にタイトルを入力後 Enter キーを押して改行

❷ 1行目のタイトルに好きな書式を設定 → P.26、P.65 参照

1 新規文書にタイトルを入力

ワードを起動して新規文書を表示しておきます（→ P.20 参照）。1行目にアルバムのタイトルを入力し、Enter キーを押して改行します。1行目のタイトルを選択し、フォントやフォントサイズ、配置、文字の効果といった書式を設定しておきましょう。

ページ罫線を挿入する

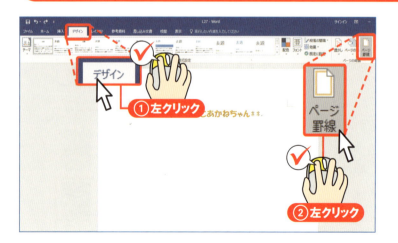

① 左クリック
② 左クリック

1 [ページ罫線]を左クリック

[デザイン]タブの[ページの背景]タブにある  に を合わせて左クリックします。

第5章 デジカメ写真のアルバムを作ろう

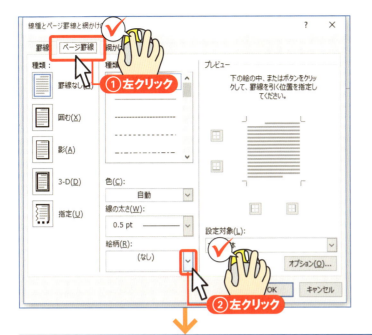

2 [ページ罫線]タブを選ぶ

[線種とページ罫線と網かけの設定]ダイアログボックスが開きます。[ページ罫線]タブを左クリックします。[絵柄]の をに を合わせて 左クリックします。

3 絵柄を選ぶ

表示された一覧から好きな絵柄に を合わせて 左クリックします。

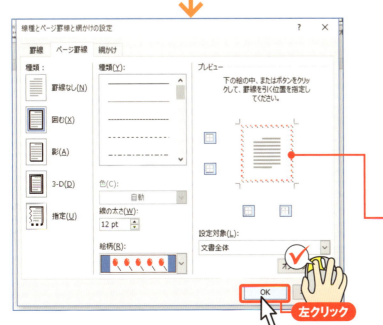

4 絵柄を確認して設定

選択した絵柄が、右の欄に表示されます。確認がすんだら[OK]を 左クリックします。

> 絵柄のサンプルがここで確認できる。[OK]を左クリックするまでは[絵柄]を何度でも選べる

27 アルバムの周囲を飾り枠で囲もう

⑤ ページ罫線が設定された

ページ罫線が挿入され、選んだ絵柄の飾り枠がページの周囲に表示されました。

Point

ページ罫線はファイル全体に設定されます。したがって、アルバムが複数ページの場合は、すべてのページに設定されます。

→ P.95 下コラム参照

Column

絵柄の大きさを変更する

ページ罫線で表示される絵柄の大きさは、[線種とページ罫線と網かけの設定]ダイアログボックスで変更できます。P.93 手順④で[線の太さ]の右側の▲か▼を左クリックし、数字を変更します。

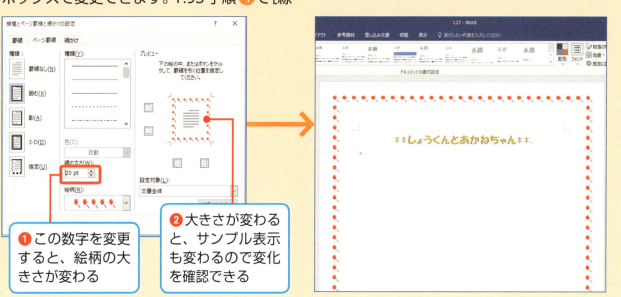

❶ この数字を変更すると、絵柄の大きさが変わる

❷ 大きさが変わると、サンプル表示も変わるので変化を確認できる

Column

ページ罫線を削除する

ページ罫線を削除するには［デザイン］タブの［ページの背景］タブにある ページ罫線 を 左クリックし、［線種とページ罫線と網かけの設定］ダイアログボックスを開きます。［ページ罫線］タブの［罫線なし］を 左クリックして選び、［OK］を 左クリックします。

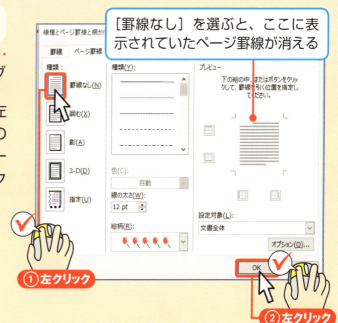

Column

複数ページのアルバムにするには

アルバムのページを増やすには、改ページを挿入します。タイトルの次の行の先頭に を合わせ 左クリックします。カーソルが移動したら、［挿入］タブの［ページ］グループにある ページ区切り を 左クリックします。これでアルバムは2ページになります。なお、改ページの挿入は、アルバムにデジカメ写真を挿入する前に行いましょう。

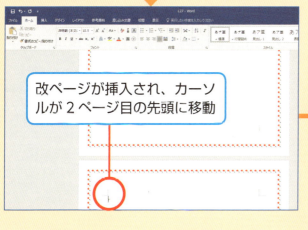

Lesson 28 写真を自由に配置しよう

練習用ファイル L28フォルダー

アルバムに挿入した写真の配置を工夫してみましょう。自由な角度で傾けたり、端をわざと重ねて並べたりすると、スナップ写真をコラージュしたような雰囲気になります。

第5章 デジカメ写真のアルバムを作ろう

写真を挿入しておく

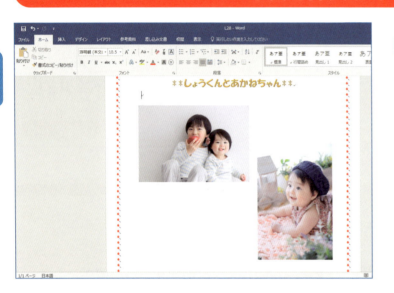

① 複数の画像を挿入

アルバムにはデジカメの画像を挿入し、サイズを変更しておきます（→P.41参照）。また、［レイアウトオプション］を［前面］に変更して、好きな位置に移動しておきましょう（→P.42参照）。

画像を回転する

❷ ここに 🔲 を合わせる
① 左クリック
右回りにゆっくりマウスを動かす

① 回転ハンドルをドラッグ

画像を自由な角度に回転してみましょう。画像の中で左クリックし、周囲に 🔲 が表示されたら、上の 🔄 に 🔲 を合わせます。

🔄 の形になったら 🖱 の左ボタンを押したまま、マウスを右回りにゆっくり動かします。

2 画像が回転した

画像が回転します。すんだら写真の外をクリックして、選択を解除しておきましょう。

画像の重なり順序を変更する

1 手前の画像を背後に移動

画像の端を重ねて配置したアルバムで、写真の重なり順序を入れ替えましょう。ここでは、左上の画像を右下の画像の背後に表示します。

左上の画像の中で 🖱左クリックし、画像を選択しておきます。[書式] タブの [配置] グループにある

［背面へ移動］を 🖱左クリックします。

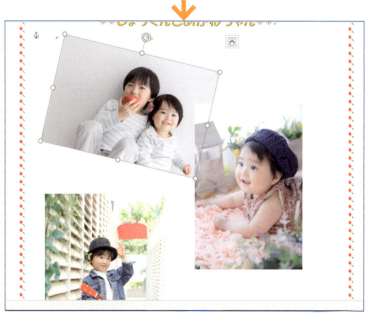

2 背後に移動した

左上の画像が背後に移動しました。

> 背後にある画像を左クリックして選択し、[書式] タブの [配置] グループにある ［前面へ移動］を 🖱左クリックすると、背後にある画像を手前に移動できます。

28 写真を自由に配置しよう

Lesson 29 写真にコメントを付けよう

練習用ファイル L29フォルダー

写真にはコメントを残しておくと、後で見直した時によい思い出になります。コメントは「テキストボックス」機能を使って自由な位置に挿入できます。

テキストボックスを挿入する

第5章 デジカメ写真のアルバムを作ろう

1 横書きテキストボックスを挿入

［挿入］タブの［テキスト］グループにある  に🖱を合わせて🖱左クリックします。表示された一覧から［横書きテキストボックスの描画］を左クリックします。

2 ドラッグして描画する

マウスのポインターが ＋ に変わります。🖱の左ボタンを押したまま右下に斜めに🖱➡ドラッグします。

終点でマウスの左ボタンから指を離す

98

コメントを入力する

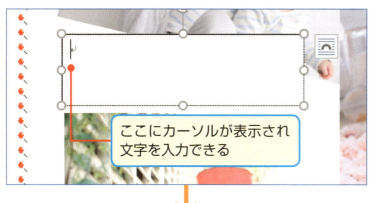

1 文字を入力する

四角い枠が表示され、左上にカーソルが点滅します。これが横書きテキストボックスです。続けてキーボードから文字を入力します。

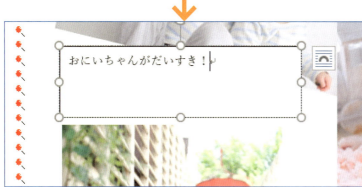

2 コメントを入力できた

入力した文字がテキストボックスに表示されました。

コメントの書式を変更する

1 コメントの文字を選択

入力したコメントの書式を、アルバムの雰囲気に合わせて変更しましょう。

最初にテキストボックス内の文字を選択します。文の先頭位置に I を合わせて、🖱の左ボタンを押したまま右へドラッグします。

2 ミニツールバーから フォントを変更

マウスの左ボタンから指を離すと、右上にミニツールバーが表示されます。游明朝 の▼を左クリックします。表示される一覧で使いたいフォントを左クリックします。

3 フォントの色を変更

続けて、文字の色を変えましょう。ミニツールバーの A▼ の▼に を合わせて左クリックします。表示された色のパレットから好きな色を左クリックします。

4 フォントの種類と色が変更された

フォントの種類と色が変更されました。テキストボックスの外を左クリックして、選択を解除しておきましょう。

テキストボックスのサイズを変更する

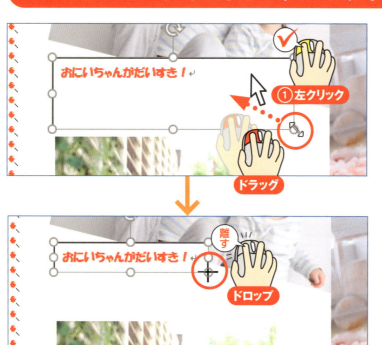

1 右下角をドラッグして縮小

コメントがちょうど収まる大きさになるよう、テキストボックスのサイズを変更します。
テキストボックスの中で左クリックしたら、右下角の ○ に を合わせ の左ボタンを押したまま左上にマウスを動かします。

2 サイズが縮小された

コメントの文字がちょうど収まる程度の大きさになりました。

テキストボックスの枠線を透明にする

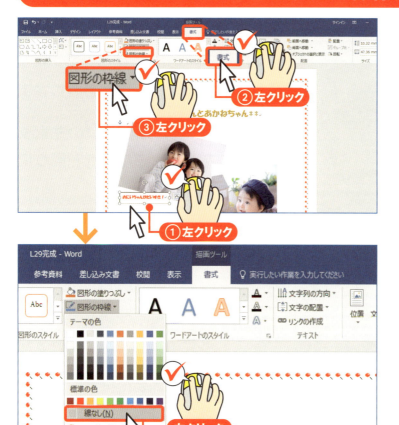

1 ［線なし］を選択

テキストボックスの枠線を透明にすると、コメントがすっきり見えます。
テキストボックスを左クリックして選択したら、［書式］タブの［図形のスタイル］グループにある

図形の枠線 を 左クリックします。
表示された一覧から［線なし］を左クリックします。

29 写真にコメントを付けよう

2 枠線が透明になった

テキストボックスの外を 左クリックして、選択を解除すると、枠線が透明になったことが確認できます。

テキストボックスを回転する

1 テキストボックスを選択

写真の枠に沿うようにコメントを回転させてみましょう。
テキストボックスの中で左クリックします。テキストボックスが選択され、周囲に ○ が選択されます。

写真の下端に角度を揃えるようにテキストボックスを回転

2 回転ハンドルをドラッグ

上に表示された に を合わせます。 の形になったら の左ボタンを押したまま、マウスを右回りにゆっくり動かします。

3 テキストボックスが回転した

テキストボックスが回転しました。これで、写真の枠にコメントをきれいに揃えて表示できました。完成したアルバムに名前を付けて保存しておきましょう → P.14 参照 。

第5章 デジカメ写真のアルバムを作ろう

Column

縦書きのコメントを入れるには

写真の左右にコメントを付けるには、縦書きのテキストボックスを挿入します。[挿入]タブの[テキスト]グループにある[テキストボックス]を左クリックします。表示された一覧から[縦書きテキストボックスの描画]を左クリックします。あとは、P.99～P.102の手順を参考にしてコメントを入力し、見た目を整えれば完成です。

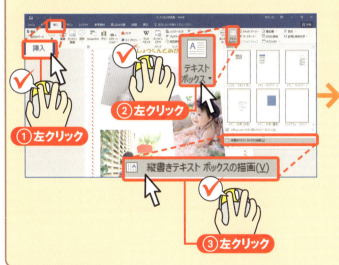

Column

テキストボックスの背景を透明にする

画像の中にコメントを重ねて入れる場合は、テキストボックスの背景を透明にすると写真の一部のように見せられます。テキストボックスを左クリックで選択して、[書式]タブの[図形のスタイル]グループにある 図形の塗りつぶし▼ を左クリックします。表示された一覧から[塗りつぶしなし]を選びます。これで、テキストボックスの中が透明になり、背後の画像が表示されました。

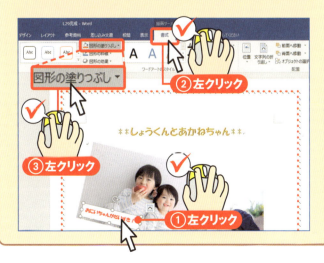

Lesson

30 アルバムを印刷しよう

練習用ファイル
L30フォルダー

できあがったアルバムを印刷しましょう。アルバムの全ページを印刷するほか、一部のページだけを選んで印刷する方法も知っておくと便利です。

印刷を実行する

第5章 デジカメ写真のアルバムを作ろう

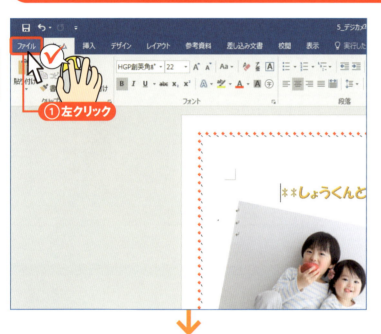

1 [印刷] を左クリック

完成したアルバムのファイルを開いておきます → P.16参照。 ファイル に ▷ を合わせて 左クリックします。続けて [印刷] を 左クリックします。

Point

パソコンショップや家電量販店では、写真印刷専用の用紙を販売しています。これらの用紙を利用すると、アルバムの写真をより美しく印刷できます。
→ P.95 下コラム参照

② [印刷]ボタンを左クリック

印刷画面に切り替わり、右にアルバムが表示されます。レイアウトに問題がなければこのまま印刷しましょう。 印刷 に ▷ を合わせ 🖱 の左ボタンを押すと、アルバムが印刷されます。

Column

一部のページだけを印刷するには？

アルバムの一部のページだけを印刷するには、手順②で[ページ]の右の欄に I を合わせて 🖱 左クリックします。カーソルが表示されたら、印刷したいページ番号を半角数字で入力しましょう。

印刷 を左クリックすると、指定したページだけが印刷されます。

> 飛び飛びのページは半角の「,」を、連続したページ範囲は半角の「-」を使って指定します。例えば、1ページ目と3ページ目を印刷するには、「1,3」と入力し、2ページ目から4ページ目までを印刷するには、「2-4」と入力します。なお、数字も記号もすべて半角で入力しましょう。

❶ 2ページ目だけを印刷したい

❶「2」と入力する

アルバムを印刷しよう

第6章 冊子になった旅行記を作ろう

Lesson 31 ポイントを確認しよう

ワードでは、中央を綴じた冊子を作る「中綴じ印刷」ができます。中綴じ印刷の設定方法を知っておくと、自分史や旅行記などを手軽に本の形にすることができます。

A4用紙ではA5サイズの冊子ができる

中綴じ印刷では、A4用紙の紙を中央で折ってA5サイズの冊子を作成します。中綴じ印刷の設定をすれば、用紙サイズの設定は初期設定のA4のままで、ワード画面に表示される1ページの大きさは自動的にA5になります。

あとは、通常通りに文章を編集すれば旅行記を作ることができます。用紙サイズの設定を特別に行う必要はありません → P.108 参照 。

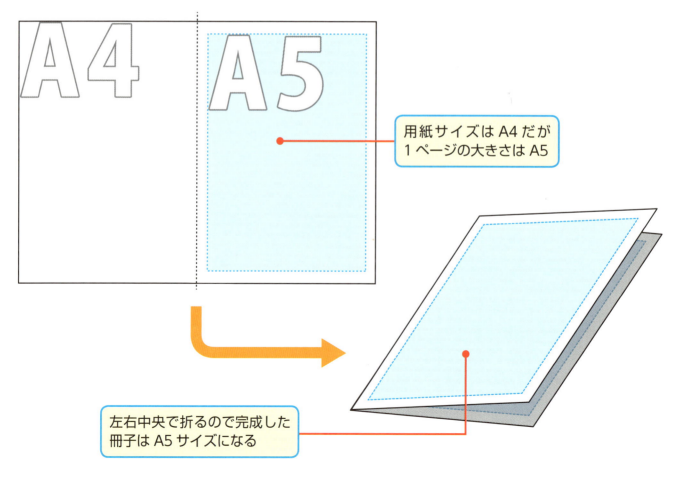

用紙サイズはA4だが1ページの大きさはA5

左右中央で折るので完成した冊子はA5サイズになる

ページ割付が自動で行われる

中綴じ印刷では、左右中央で折った用紙を重ねて中央をホチキスで綴じて冊子に仕上げます。その際、横書きの文書ではページが左開きに、縦書きの文書では右開きにそれぞれ設定されます。

なお、1枚の用紙には、表裏両面に4ページずつ印刷されます。この例では、1枚目の表面には1ページ目と8ページ目が、裏面には2ページ目と7ページ目の内容が印刷されます。これらのページ割付はワードが自動で行うため、文章の編集中にページの順番を気にする必要はありません → P.108 参照 。

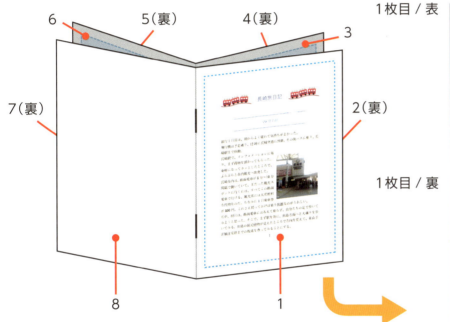

1枚目の印刷結果

1枚目 / 表

1枚目 / 裏

ポイントを確認しよう

Column

ページ番号を振る

各ページの下に、ページ番号を印刷するように設定しましょう → P.110 参照 。

ページの下にページ番号を表示する

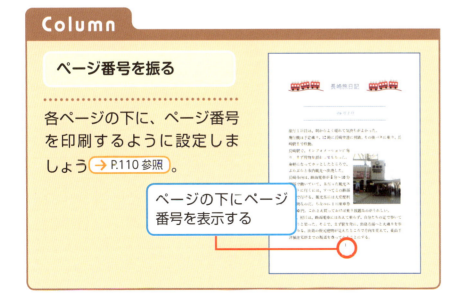

Lesson 32 中綴じ印刷の設定をしよう

練習用ファイル
L32フォルダー

自分で手軽に冊子を作るには、文書を作成する前に中綴じ印刷の設定にしましょう。ここでは中綴じ印刷の設定手順を紹介します。中綴じ印刷の仕組みについては P.106 を参照してください。

文書を中綴じ印刷の設定にする

第6章 冊子になった旅行記を作ろう

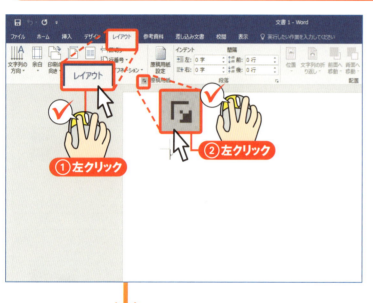

1 [ページ設定] 画面を開く

ワードを起動して、新規文書を表示したら（→ P.20 参照）。[レイアウト]タブの[ページ設定]グループにある ▭ に ▯ を合わせて 左クリックします。

> ▭ は、詳細な設定のダイアログボックスを開くボタンです。中綴じ印刷の設定は専門的な機能であるため、ダイアログボックスで設定します。

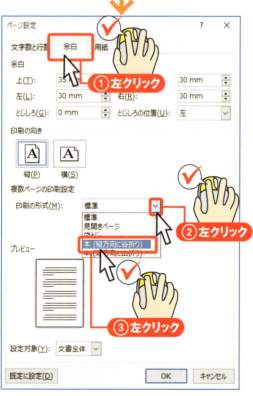

2 [印刷の形式] を設定

[ページ設定]ダイアログボックスが開きます。[余白] タブに ▯ を合わせて 左クリックして [印刷の形式] の ▯ に ▯ を合わせて左クリックします。表示された一覧から [本（縦方向に谷折り）] を左クリックして選択しましょう。

108

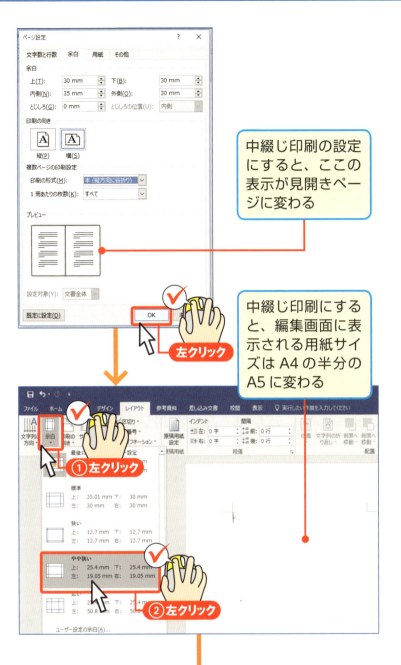

3 ダイアログボックスを閉じる

［プレビュー］欄の表示が見開きに変わります。確認できたら［OK］に 🖱 を合わせて 🖱 左クリックします。

4 余白を変更する

画面に表示される用紙の大きさがA5になります。余白が広すぎるため、上下左右の余白を狭くして、文章を入力できる領域を広くしましょう。

［ページ設定］グループの 余白 に 🖱 を合わせて 🖱 左クリックします。表示された一覧から［やや狭い］を左クリックします。

5 文章を入力する

余白が変更されました。あとは、通常の文書と同じように、旅行記の文章を入力します。1ページに収まらなくなったら自動的に次のページが表示されるので、通常どおりに編集しましょう。

中綴じ印刷の設定をしよう

Lesson 33 ページ番号を入れよう

複数ページにわたる旅行記にはページがわかるようにページ番号を入れましょう。ページ番号は、用紙の下部のフッター領域に入れるのが一般的です。

旅行記にページ番号を挿入する

1 [ページ番号] を左クリック

[挿入]タブの[ヘッダーとフッター]グループにある ページ番号▼ に を合わせて 左クリックします。

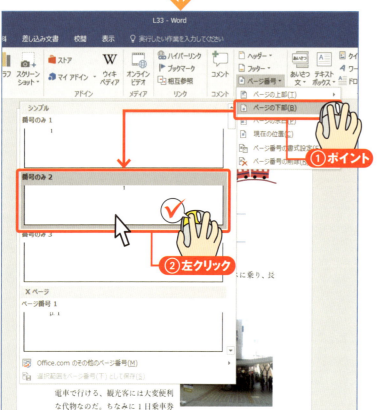

2 表示する位置と形式を選ぶ

表示された一覧からページ番号を表示する位置を選びます。ページの下に表示するので［ページの下部］に を合わせます。続けてページ番号の形式を選びます。設定したい形式（ここでは[番号のみ2]）に を合わせて 左クリックします。

第6章 冊子になった旅行記を作ろう

110

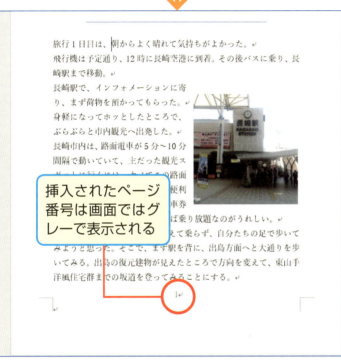

挿入されたページ番号は画面ではグレーで表示される

3 フッターを閉じる

ページ番号がページの下に表示されました。[デザイン]タブの[閉じる]グループにある に を合わせて左クリックします。

> ページ番号が表示された領域を「フッター領域」といいます。ページ番号を挿入した直後は、フッター領域が編集できる状態になり、反対に本文はグレーで表示され、編集できない状態になります。ページ番号の設定がすんだらフッターを閉じましょう。

4 ページ番号が挿入された

ページ番号の設定が完了しました。画面ではページ番号はグレーの表示になりますが、印刷時には、通常の文字と同じ濃さで印刷されます。完成した旅行記を保存しておきましょう → P.14参照 。

Column

冊子のページ数は4の倍数になる

中綴じ印刷では、用紙の両面を使って印刷するため、1枚の用紙が4ページになります。このため、文書を中綴じ印刷の設定にすると、完成する冊子のページ数は4の倍数になります。なお、最終ページのページ番号が4の倍数でない場合は、自動的に空白のページが末尾に補われ、最も近い4の倍数になります。

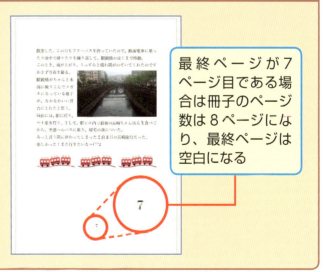

最終ページが7ページ目である場合は冊子のページ数は8ページになり、最終ページは空白になる

Lesson 34 冊子を印刷しよう

練習用ファイル
L34フォルダー

中綴じ印刷に設定した冊子を印刷する場合は、手動で両面印刷します。片面を印刷したあと用紙を裏返してもう片面を印刷し、中央で折ってホチキスで綴じましょう。

冊子を両面印刷する

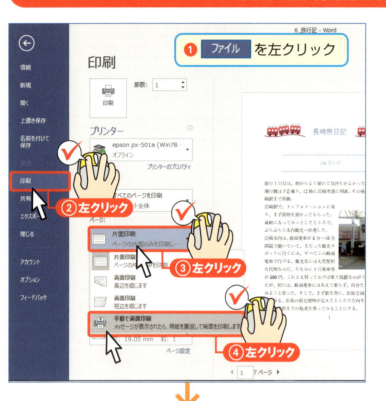

1 両面印刷を選択

完成した旅行記のファイルを開いておきます → P.16参照。[ファイル]にカーソルを合わせて左クリックします。続けて[印刷]を左クリックします。

[片面印刷]を左クリックして、表示された一覧から[手動で両面印刷]を左クリックします。

2 表面を印刷

[印刷]にカーソルを合わせて左クリックすると表面が印刷されます。用紙を取り出して裏面を印刷できるように再度プリンターにセットします。

3 裏面を印刷

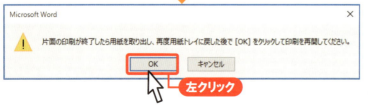

表示されたメッセージで[OK]を左クリックすると、裏面の印刷が始まります。印刷が終わったら、用紙を重ねて中央で折り、ホチキスで綴じたら完成です。

第6章 冊子になった旅行記を作ろう

第2編 エクセルを使ってみよう

友人や親せきの住所録を作りたいなあ。ワードで表を作ればいいのかな。

一覧表を作るならエクセルが便利です。文字を入力し、美しい表に仕上げてみませんか？

第1章 01～02　エクセルの基本操作を知ろう
第2章 03～10　住所録を作ろう

第1章 エクセルの基本操作を知ろう

Lesson 01 エクセルを起動・終了しよう

エクセルを使うと、きれいな表を短時間で作ることができます。住所録などを管理するのに利用するとよいでしょう。まずは、エクセルの起動と終了の手順を知っておきましょう。

[スタート]ボタンからエクセル2016を起動する

1 [スタート]ボタンを左クリック

画面左下の  に を合わせ の左ボタンを押します。スタートメニューが表示されるので、[すべてのアプリ]に を合わせ 左クリックします。
次に、スクロールバーに を合わせ の左ボタンを押したまま、下にマウスを動かします（ドラッグ）。
「E」で始まるアプリが表示されたら、[Excel2016]に を合わせ 左クリックします。

Point

検索欄からでも起動できる

■ボタン右の検索欄に「Excel 2016」と入力すると、スタートメニューの上に[Excel2016]が表示されます。ここから起動することもできます。

2 [空白のブック]を左クリック

エクセルでは、ファイルのことを「ブック」と呼びます。起動と同時に新しいブックを作成するには、[空白のブック]に を合わせ 左クリックします。

保存済みファイルを開いて作業を開始するには、ここを左クリック

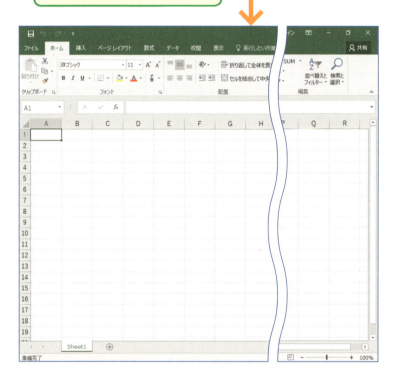

3 エクセル2016が表示された

デスクトップにエクセル2016のウィンドウが表示されました。同時に、新しいブックでの作業を開始できる状態になります。

[閉じる]ボタンでエクセル2016を終了する

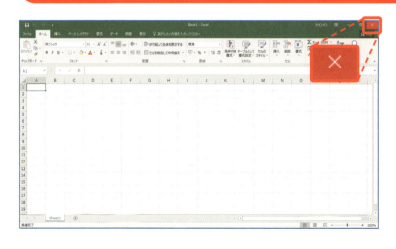

1 [閉じる]ボタンを左クリック

 に を合わせ 左クリックします。
これで、エクセル2016が終了してウィンドウが閉じ、デスクトップに戻ります。

01 エクセルを起動・終了しよう

Lesson 02 エクセルの画面の見方を知ろう

エクセルをスムーズに使うためには、画面の各部の名前と役割を知っておくことが大切です。ここでは、**P.118** から学ぶ住所録の作成に必要な部分を優先的に理解しましょう。

エクセル2016の基本画面

タイトルバー、クイックアクセスツールバー、リボン、[最小化][最大化][閉じる]の各ボタンやスクロールバー、ズームスライダーなどはワードと共通であるため、ここでは割愛しています。これらの詳細は P.12 を参照してください。

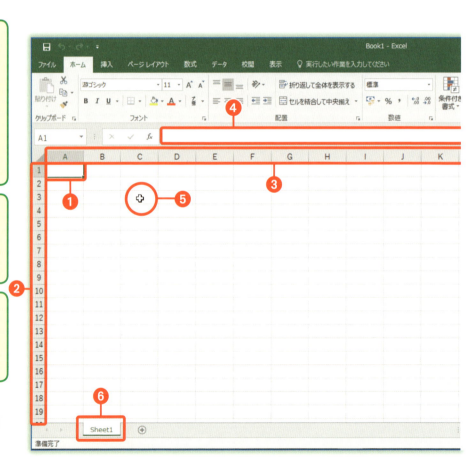

❶ セル
1つ1つのマス目のことで、文字や数字を入力します。なお、左クリックして選択したセルは太枠で囲まれ、「アクティブセル」と呼ばれます。セルどうしを区別するには、列番号と行番号を組み合わせて「A2のセル」のように呼びます。

❷ 行番号
セルの水平方向の位置を表す番号のことです。「1」から始まる番号で表します

❸ 列番号
セルの垂直方向の位置を表す番号のことです。「A」から始まるアルファベットで表します

❹ 数式バー
アクティブセルの内容がここに表示されます。長い文字を確認するときや、その一部を修正するときに使います

❺ ポインター
マウスのポインターは、✥ の形になります。この形のときに左クリックやドラッグをすると、セルを選択できます

Point

ブックとシート

エクセルではファイルのことを本に見立てて「ブック」と呼びます。ブックの中には作業用のページである「シート」があります。

Column

シートを増やすには

シートがもう1枚必要になったら、シート見出しの右にある ⊕ を左クリックすると、新規のシートが追加されます。さらにシートを追加する場合は、これを繰り返します。

Column

不要になったシートを削除する

不要になったシートは次の手順で削除できます。削除したいシートのシート見出しに ▶ を合わせ 🖱 の右ボタンを押します。表示されたメニューから［削除］に ▶ を合わせて左クリックします。確認のメッセージが表示されるので［削除］を左クリックしましょう。

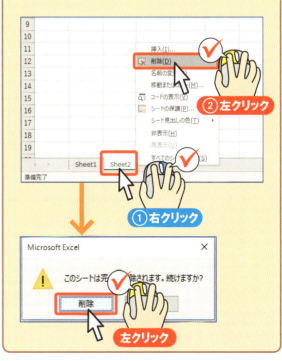

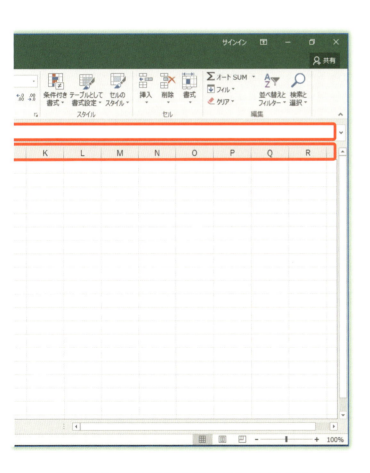

❻ シート見出し

エクセルに用意された1枚の作業用の領域を「シート」といいます。シートは必要に応じて増やせるので、同じファイル内で、関連のある複数の表を別々のシートに作ることができます。→ 右のコラム参照

02 エクセルの画面の見方を知ろう

第2章 住所録を作ろう

Lesson
03
ポイントを確認しよう

エクセルでは、住所録などの一覧表を効率よく作れます。住所録の作成に必要な基本操作をマスターしましょう。なお、作成した住所録は、ワードではがき印刷に利用できます。

住所録の表を作成する

普段の生活でもおなじみの住所録をエクセルで作りましょう。住所録の作成を通して、知っておきたい操作が無理なく身に付きます。

表の1行目に項目見出しを作ります。さらにセルに色を付けたり、文字の配置を中央に変更したりして、書式をタイトルらしく整えます → P.120 参照

罫線機能を使って、表に枠線を引きます → P.120 参照

氏名	郵便番号	都道府県	住所1	住所2
マイナビ太郎	1000003	東京都	千代田区一ツ橋2-2-2	一ツ橋マンション　209号室
木本和江	1010063	東京都	千代田区神田淡路町2丁目3番地の55	
佐藤由紀子	4960000	愛知県	名古屋市1-2-3	
田中仁	6230000	京都府	京都市1-2-3	
納屋弘子	7840000	高知県	高知市1-2-3	
浜田雄介	3620000	埼玉県	さいたま市1-2-3	
町村輝彦	9900000	山形県	山形市1-2-3	山形ハイツ　104号室
矢口真紀子	5630000	大阪府	大阪市1-2-3	
渡辺さおり	8110000	長崎県	長崎市1-2-3	
伊藤雄二	1000000	北海道	札幌市1-2-3	
日下則之	4960000	愛知県	名古屋市1-2-3	
新藤洋一	6230000	京都府	京都市1-2-3	
近棟博	7840000	高知県	高知市1-2-3	
仁川洋子	3620000	埼玉県	さいたま市1-2-3	
樋口敦子	9900000	山形県	山形市1-2-3	
水口慶介	5630000	大阪府	大阪市1-2-3	
宇垣輝和	8110000	長崎県	長崎市1-2-3	
剣持司	1000000	北海道	札幌市1-2-3	

住所録のデータを入力したときに、長い住所などが途中で切れてしまわないように、住所欄をセル内で折り返して表示される設定にします → P.128 参照

入力するデータの長さに合わせて列の幅を変更します → P.126 参照

作成した住所録を印刷する

ページが増えた場合、2ページ目は列見出しが見えなくなってしまうため、1行目の列見出しが他のページの先頭にも自動的に印刷されるようにします →P.130 参照

氏名	郵便番号	都道府県	住所1	住所2
マイナビ太郎	1000003	東京都	千代田一ツ橋2-2-2	一ツ橋マンション 209号室
木本和江	1010063	東京都	千代田区神田淡路町2丁目3番地の55	
佐藤由紀子	4960000	愛知県	名古屋市1-2-3	
田中仁	6230000	京都府	京都市1-2-3	
納屋弘子	7840000	高知県	高知市1-2-3	
浜田雄介	3620000	埼玉県	さいたま市1-2-3	
町村輝彦	9900000	山形県	山形市1-2-3	山形ハイツ 104号室
矢口真紀子	5630000	大阪府	大阪市1-2-3	
渡辺さおり	8110000	長崎県	長崎市1-2-3	
伊藤雄二	1000000	北海道	札幌市1-2-3	
日下則之	4960000	北海道	札幌市1-2-3	

小松みどり	4960000	愛知県	名古屋市1-2-3	名古屋マンション 809号室
外村瑞穂	6230000	京都府	京都市1-2-3	
寺本明子	7840000	高知県	高知市1-2-3	
町村輝彦	9900000	山形県	山形市1-2-3	山形ハイツ 104号室
矢口真紀子	5630000	大阪府	大阪市1-2-3	
渡辺さおり	8110000	長崎県	長崎市1-2-3	
伊藤雄二	1000000	北海道	札幌市1-2-3	
日下則之	4960000	愛知県	名古屋市1-2-3	
新藤洋一	6230000	京都府	京都市1-2-3	

氏名	郵便番号	都道府県	住所1	住所2
剣持司	1000000	北海道	札幌市1-2-3	
瀬戸洋介	4960000	愛知	名古屋市1-2-3	

印刷したときに、A4用紙の横1ページに収まるように自動的に縮小印刷される設定にします →P.130 参照

03 ポイントを確認しよう

Column

住所録ははがきの宛名印刷に使える

この章で作成した住所録ファイルは、ワードではがきの宛名面を印刷する際に、宛先データとして利用します。住所録に情報を入力した知人に、いっせいに挨拶状などを送る際に役立ちます。はがきの宛名を印刷する手順は、P.135の第3編を参照してください。

Lesson 04 データを入力しよう

セルには、文字や数字などのデータを入力します。すべての基本となる入力の手順をマスターしましょう。同時に、入力したデータを修正する方法も知っておきましょう。

列見出しを入力する

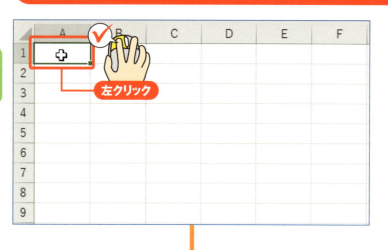

① セルを選択する

A1セルに「氏名」と入力しましょう。まず入力するセル（ここではA1セル）に ✥ を合わせて左クリックします。

> エクセルを起動した直後は、すでにA1セルが選択されているので、左クリックする必要はありません。

② 文字を入力、変換する

エクセルでは、起動直後は日本語入力ソフトのIMEがオフになっています。 半角/全角 キーを押して、IMEをオンに変更します。「しめい」と読みを入力し、□（スペース）キーを押します。表示された変換候補の一覧から「氏名」に 🖱 を合わせ 🖱 の左ボタンを押します。

> IMEがオフのとき、画面右下のIMEのボタンは A と表示されます。 半角/全角 キーを押すと表示が あ に変わります。これで日本語を入力し、漢字に変換できる状態になります。

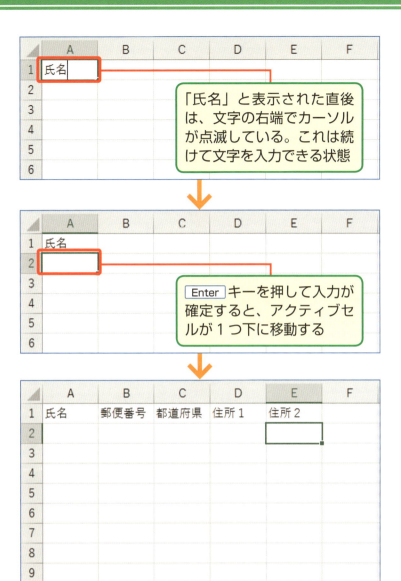

3 入力を確定する

「氏名」と変換されたら、Enter キーを押します。アクティブセル（選択中のセル）が1つ下のセルに移動します。これで入力完了です。

4 ほかの列見出しを入力

続けて、左の図のように、1行目のセルに列見出しを入力しておきます。

> この住所録はワードではがきの宛名面に印刷できるように作るため、1行目の項目名は変更せず、画面のとおりに入力しましょう。なお、「住所1」などの算用数字は全角・半角どちらでもかまいません。

Column

セルの内容を変更・削除する

セルに入力した言葉を別の言葉に変更したい場合は、セルを左クリックして、キーボードから変更後の言葉を入力し、漢字に変換します。Enter キーを押すと、セルの内容が上書きされます。セルの内容を削除する場合は、セルを選択し、Delete キーを押します。

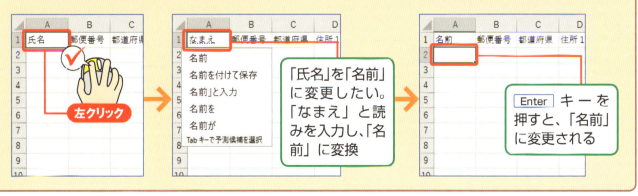

Lesson 05 表に罫線を引こう

項目見出しを入力したら、表に枠線（罫線）を引きましょう。あらかじめ表全体のセル範囲を選択しておき、表内のすべてのセルに一度に罫線を引く方法を知っておきましょう。

表全体に細枠の罫線を引く

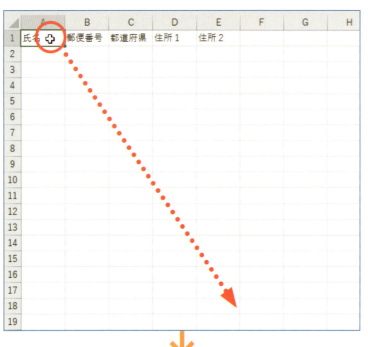

1 表の範囲を選択する

表の左上端に当たる A1 セルに ✚ を合わせ🖱の左ボタンを押したまま、E18 セルまでドラッグします。

Point

ドラッグを始める前にマウスのポインターが ✚ になっていることを確認しましょう。形が異なる場合は、一度マウスの左ボタンから指を離して、A1 セルの中にポインターを移動すると ✚ になります。

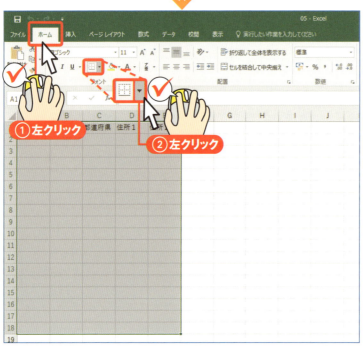

2 [罫線] ボタンから選択

表の範囲が選択されました。［ホーム］タブの［フォント］グループにある▦の▼に🖱を合わせて左クリックします。

選択された範囲は、ドラッグを始めた先頭のセル（ここでは A1 セル）以外、グレーで表示されます。

3 [格子]を左クリック

表示された一覧から[格子]に 🖱 を合わせて 🖱 左クリックします。

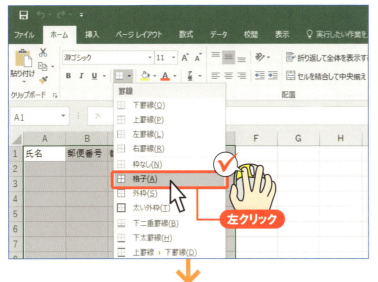

> **Point**
>
> 罫線の一覧から、選択しているセル範囲に対してどのように線を引くかを指定します。「格子」とは、選択しておいたセルのすべての境界線に格子状の罫線を設定するという意味です。

4 表に罫線が引かれた

表全体に格子状の罫線が設定されました。任意のセル（ここではH18）に 🖱 を合わせて 🖱 左クリックします。これで表の選択が解除され、グレーの影がなくなるので、罫線をはっきりと確認できます。

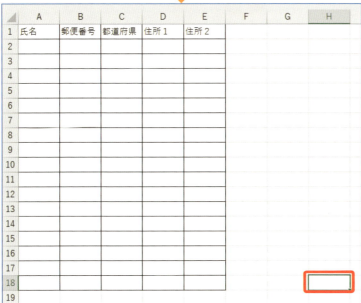

> セル範囲の選択を解除するには、任意のセルを左クリックします。

Column

罫線を削除する

罫線を引いた表全体を選択しておき、[ホーム]タブの[フォント]グループにある ⊞ の ▼ を左クリックします。表示された一覧から[枠なし]に 🖱 を合わせて 🖱 左クリックすると、罫線が削除されます。

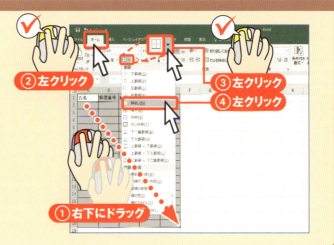

05 表に罫線を引こう

123

Lesson 06 項目見出しに書式を設定しよう

表の1行目に入力した見出しには、一目で項目見出しとわかるように書式を設定しましょう。項目見出しのセルは文字をセル内で中央に配置して、背景に色を付けるのが一般的です。

文字を中央揃えにして、セルに背景色を付ける

1 項目見出しのセルを選択

表の1行目のセルを選択します。

A1セルに ✛ を合わせ 🖱️ の左ボタンを押したまま、E1セルまでマウスを動かします。

2 ［中央揃え］を左クリック

文字をセル内で中央に配置します。［ホーム］タブの［配置］グループにある ≡ に 🖱️ を合わせて 🖱️ 左クリックします。

> セル内で文字を右に寄せたいときは、［配置］グループにある ≡ を左クリックします。

3 文字が中央揃えになった

選択していたセルの文字が中央揃えになりました。続けて、セルの背景に好きな色を設定します。[フォント]グループにある の を左クリックします。

4 色を選択

表示されたカラーパレットで好きな色に を合わせ の左ボタンを押します。

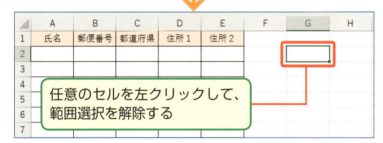

5 色が設定された

セルに背景色が設定されました。これで、項目見出しがわかりやすくなりました。

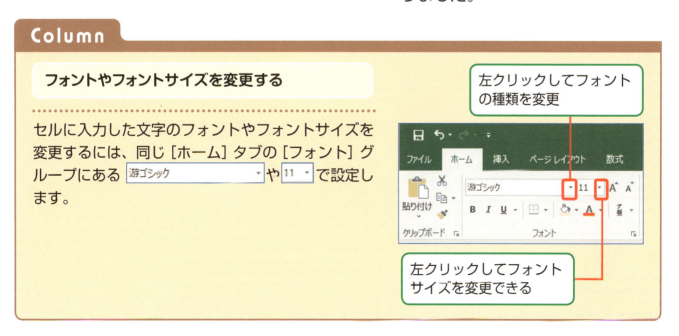

Column

フォントやフォントサイズを変更する

セルに入力した文字のフォントやフォントサイズを変更するには、同じ[ホーム]タブの[フォント]グループにある 游ゴシック や 11 で設定します。

左クリックしてフォントの種類を変更

左クリックしてフォントサイズを変更できる

Lesson 07 列の幅を変更しよう

入力されるデータの長さに合うように列の幅はあとから変更することができます。長いデータの入力が予想される列では、あらかじめ幅を広げておくとよいでしょう。

単独の列の幅を変更する

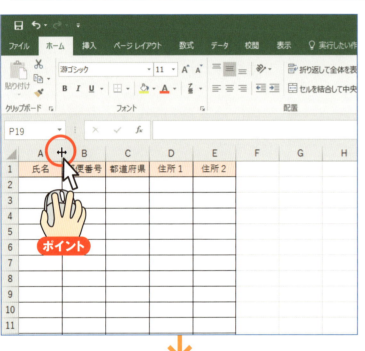

① A列の列幅を変更

氏名が入力されるA列の列幅を広げてみましょう。
列幅を変更するには、幅を変更したい列の列番号の右側の境界（ここではA列とB列の間）に ポインター を合わせます。マウスのポインターが ✥ に変わります。

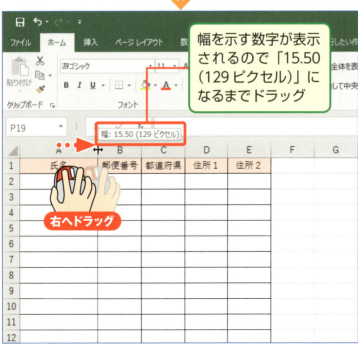

幅を示す数字が表示されるので「15.50（129ピクセル）」になるまでドラッグ

② 列番号の右境界でドラッグ

左ボタンを押したまま右にドラッグすると、A列の幅が広がります。なお、列の幅を狭くする場合は、左にドラッグします。

複数の列の幅を一度に変更する

1 D列からE列までを選択

次に、住所が入力されるD列とE列の幅をまとめて変更します。最初にD列からE列までを選択しましょう。列番号「D」の上に ✚ を合わせ、ポインターが ⬇ になったら、🖱 の左ボタンを押したまま右へドラッグします。

2 選択した列の右境界でドラッグ

D列からE列までが選択されました。列番号DとEの境界に ▷ を合わせます。マウスのポインターが ↔ に変わったら、🖱➡ 右へドラッグします。

3 列幅が変更された

D列とE列の列幅が広がりました。いずれかのセルを左クリックして、範囲選択を解除しておきましょう。

「幅 22.25（183ピクセル）」までドラッグした

この方法で複数列の列幅を変更した場合、選択しておいたD列とE列の幅は等しくなります。

Lesson 08 長い住所を2段表示にしよう

練習用ファイル
X08フォルダー

列の幅を広げても、その幅に収まりきらないような長いデータが入力されることがあります。この場合、はみ出した文字を下に折り返して表示されるように設定すると安心です。

「住所1」に入力した住所が2段表示になるように設定する

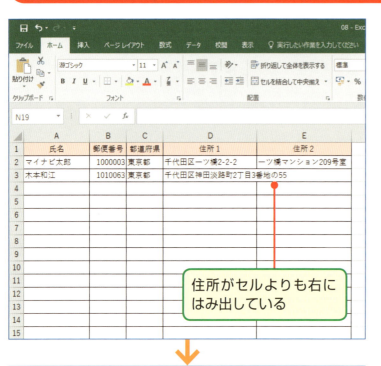

住所がセルよりも右にはみ出している

1 長い住所がセルからはみ出す

D3セルに入力した住所が長いため、セルよりも右にはみ出してしまいました。セルの幅よりも長くなった場合に自動的に改行されるように設定しておきましょう。

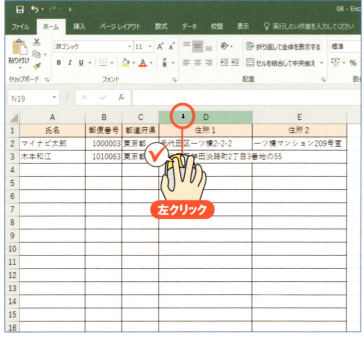

左クリック

2 D列を選択

「住所1」のD列を選択します。列番号「D」の上に ✚ を合わせ、ポインターが ⬇ になったら、🖱 の左ボタンを押します。

> 複数の列に設定する場合は、P.127 手順 ❶ を参照して複数列を選択しておきます。

第2章 住所録を作ろう

③ [折り返して全体を表示]を設定

D列が選択されました。[ホーム] タブの [配置] グループにある [折り返して全体を表示する] に を合わせて左クリックします。

④ 長い文字が2段で表示された

D3セルの住所が2段表示になり、セルはその分高さが広がります。これで、D列に入力する住所がセル幅よりも長い場合は、自動的に折り返されるようになりました。

> この設定を解除するには、列を選択して [折り返して全体を表示する] をもう一度左クリックします。

Column

右のセルにデータが入力された場合

この例では、D3セルにセル幅よりも長い住所が入力されていますが、右隣のE3セルにもデータを入力すると、右にはみ出していた部分が見えなくなります。こんなときはD3セルを左クリックしてから数式バーを見ると、入力されているデータの内容を末尾まで確認できます。

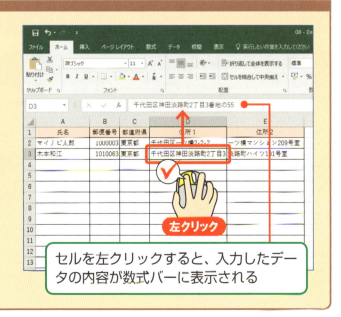

> セルを左クリックすると、入力したデータの内容が数式バーに表示される

長い住所を2段表示にしよう

Lesson 09

2ページ目にも項目見出しを印刷しよう

練習用ファイル
X09フォルダー

行数が増えて表が複数ページになると、2ページ目以降は列の見出しが見えなくなります。表の1行目の項目見出しが2ページ目以降にも自動で印刷されるように設定します。

第2章 住所録を作ろう

2ページ目以降にも列見出しを表示する

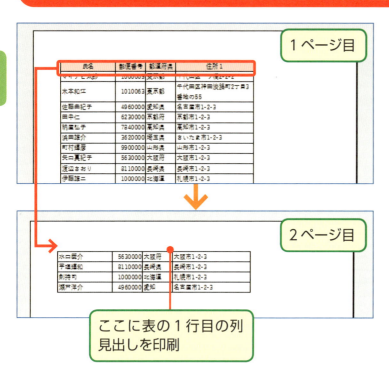

1ページ目

2ページ目

ここに表の1行目の列見出しを印刷

1 表の先頭行を各ページに印刷

住所録の件数が増えた場合は、表の下にデータを追加して、その部分にはP.122の手順で罫線を引きましょう。

拡張した表が1ページに収まらなくなった場合は、2ページ目以降にも列見出しを表示しないと各列の内容がわかりづらくなります。あらかじめ、1行目の列見出しが次のページ以降にも印刷されるように設定しておきましょう。

先頭行を「タイトル行」に設定

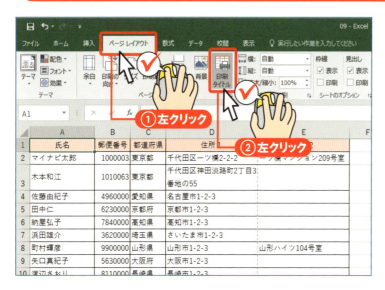

①左クリック
②左クリック

1 [印刷タイトル]を左クリック

[ページレイアウト]タブの[ページ設定]グループにある印刷タイトルに を合わせて左クリックします。

130

2 [タイトル行] を左クリック

[ページ設定] ダイアログボックスの [シート] タブが開きます。[タイトル行] に I を合わせ🖱の左ボタンを押します。カーソルが表示されたら、行番号の「1」に ✥ を合わせ、ポインターが ➡ に変わったら左クリックします。

「タイトル行」とは、印刷したときに各ページに繰り返し印刷する行の部分のことです。

「$1:$1」とは、「1行目」の意味

3 1行目が設定される

「$1:$1」と表示されたら、シートの1行目がタイトル行として正しく設定されています。[OK] を🖱左クリックしましょう。

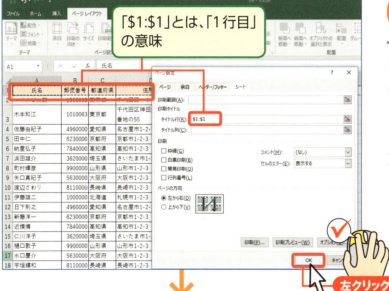

1ページ目

2ページ目

4 タイトル行が設定された

P.133 を参考にして印刷を実行すると、2ページ目にも、1行目の列見出しが繰り返し印刷されます。

この表は2ページで終わっていますが、3ページ以上ある表の場合は、同様にタイトル行が残りすべてのページにも印刷されます。

2ページ目にも項目見出しを印刷しよう

Lesson

10 住所録を印刷しよう

練習用ファイル
→ X10フォルダー

住所録を印刷しましょう。ここでは、すべての列が1ページに収まるように横幅を自動で縮小して印刷します。部数やページを指定して印刷することもできます。

すべての列を横1ページに収めて印刷する

「氏名」から「住所2」までの5つの列を印刷

①左クリック

このままだと5列目は別のページに印刷されてしまう

1 [ファイル]タブを左クリック

印刷する住所録には、A列からE列まで5つの列があります。これを確認してから、ファイル に を合わせて 左クリックします。

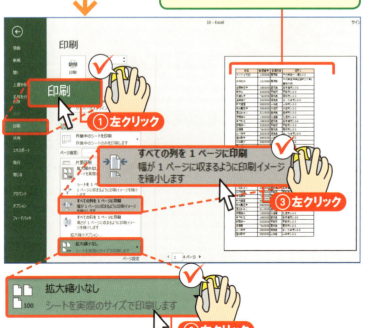

①左クリック
②左クリック
③左クリック

2 [印刷]を左クリック

[印刷]を 左クリックすると、印刷される住所録が表示されます。これを見ると列の数は4列しかないため、すべての列が同じページに印刷されるように設定します。

[拡大縮小なし]を 左クリックして、表示された一覧から[すべての列を1ページに印刷]を 左クリックします。

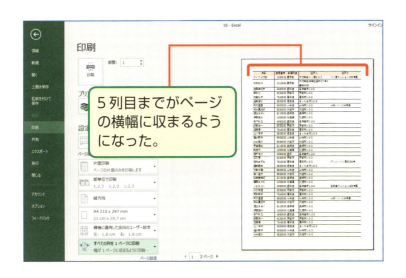

③ 5列目まで表示された

右側の表示が変わり、5列目の「住所2」までが同じページに収まっているのがわかります。これで、表の横幅が同じページに収まるように縮小印刷される設定になりました。

印刷する

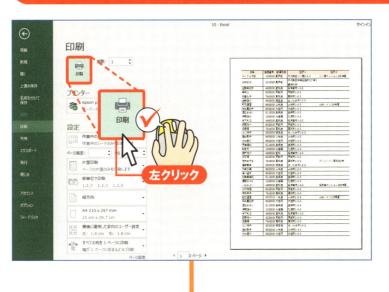

① [印刷] を左クリック

住所録を印刷します。を左クリックしましょう。

> 2部以上印刷する場合は、[部数] で指定しましょう。右側の か▼を左クリックするか、空欄に数字を直接入力します。

② 住所録が印刷された

「氏名」から「住所2」までのすべての列が横1ページに収まるように印刷されます。また、2ページ以上ある住所録の場合は、2ページ目以降にも、表の1行目の列見出しが繰り返し印刷されます（→ P.130 参照）。

10 住所録を印刷しよう

Column

用紙の向き、用紙サイズ、余白を変更するには？

エクセルの初期設定では、A4サイズの用紙を縦置きにした状態で表が印刷されます。用紙の向き、用紙サイズ、余白などは、印刷画面で変更できます。それぞれの設定を変更すると、右のプレビュー画面が変わり、おおまかなレイアウトを確認できます。

- 用紙の向きを［縦］［横］から選択
- A4以外の用紙サイズに変更
- 余白を現在の設定よりも狭くしたり広くしたりできる

Column

特定のページだけを印刷するには？

「全体で4ページある住所録のうち、2ページ目だけを印刷したい」というように、特定のページ範囲だけを印刷するには、［ページ指定］で設定します。左の欄に開始ページを、右の欄に終了ページをそれぞれ指定します。たとえば、2ページ目だけを印刷する場合は、左右両方の欄に「2」と入力します。

- 「～から～まで」となるように開始ページと終了ページを設定

第3編
ワードとエクセルを組み合わせて使おう

エクセルの住所録に、がんばって友達の住所を全部入力したわ！

では、最後にもう一度ワードを使って、その住所をはがきの宛名に印刷してみましょう！

第1章 01~02 はがきに住所録の宛名を印刷しよう

第1章 はがきに住所録の宛名を印刷しよう

Lesson 01 ポイントを確認しよう

ワードの「はがき宛名面印刷ウィザード」を使うと、エクセルで作成した住所録から宛先を1件ずつはがきに印刷できます。まずエクセルで作る住所録の注意点を確認しましょう。

エクセルで作る住所録の注意点

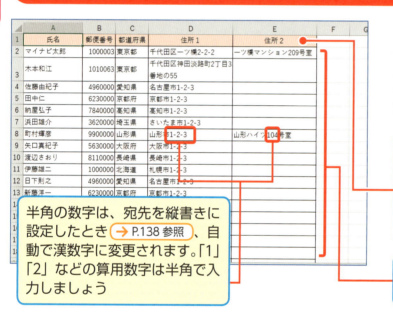

ワードの「はがき宛名面印刷ウィザード」を使って、はがきの宛先を正しく印刷するためには、次のような注意事項があります

> シートの1行目に項目見出しを入力します。この例のとおりに入力しましょう。市区町村以降の住所までを「住所1」に入力し、建物名などは「住所2」に入力しましょう

> 半角の数字は、宛先を縦書きに設定したとき（→P.138参照）、自動で漢数字に変更されます。「1」「2」などの算用数字は半角で入力しましょう

> 住所録のデータは1行に1件ずつ入力します

住所録の保存先を確認する

「はがき宛名面印刷ウィザード」では、住所録ファイルの保存された場所を指定します。ここでは、「ドキュメント」フォルダーに住所録を保存しています。

> 住所録ファイルの保存先フォルダーを確認しておく

Lesson 02 エクセルの住所録からはがきに宛先を印刷する

練習用ファイル
C02フォルダー

ワードの「はがき宛名面印刷ウィザード」を使って、エクセルで作成した住所録の宛先をはがきに印刷してみましょう。ウィザードでは指示に従って操作を進めます。

「はがき宛名面印刷ウィザード」を起動する

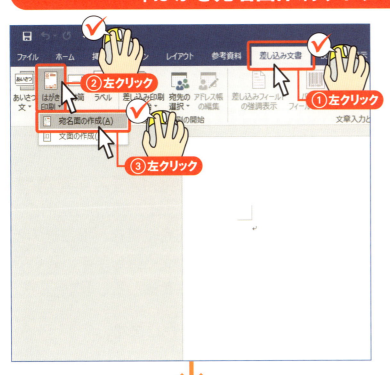

1 ウィザードを起動

ワードを起動して新規文書を表示しておきます（→ P.20 参照）。
[差し込み文書]タブの[作成]グループにある  を 左クリックします。表示された一覧から[宛名面の作成]を選びます。

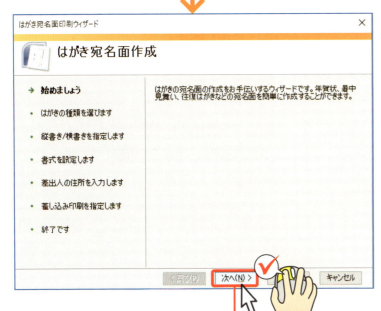

2 [次へ]を左クリック

はがき宛名面印刷ウィザードが起動したら、[次へ]を 左クリックします。

はがきの種類やレイアウトを選ぶ

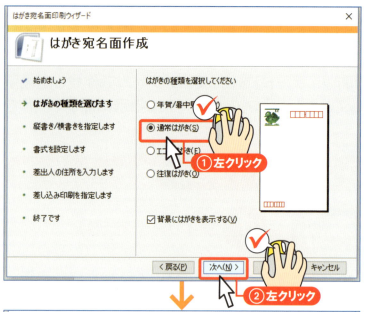

1 はがきの種類を選ぶ

作成するはがきの種類を選びます。ここでは［通常はがき］を選んで、［次へ］を左クリックします。

> **Point**
> 設定を間違えた場合は、［戻る］を左クリックすると、直前のウィザード画面に戻って前の画面の設定をやり直すことができます。

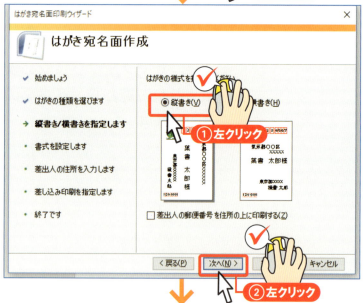

2 縦書きか横書きかを選択

はがきの様式を縦書き、横書きのどちらにするかを選択します。ここでは［縦書き］を選んで、［次へ］を左クリックします。

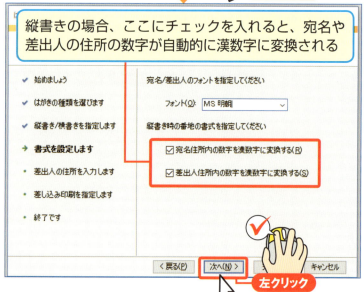

3 フォントの種類を選ぶ

宛先や差出人に使用するフォントの初期設定は「MS 明朝」です。これを変更する場合は、［フォント］の ▽ を左クリックして、表示された一覧からフォントを選択します。［次へ］を左クリックします。

差出人や宛先を指定する

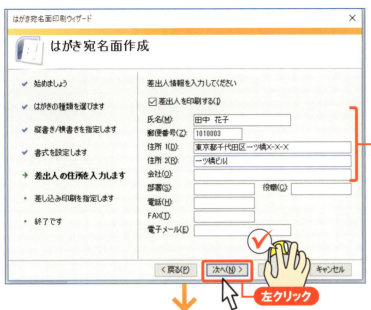

1 差出人の住所氏名を入力

［差出人を印刷する］にチェックが入っていることを確認したら、差出人の氏名、郵便番号、住所などを、それぞれの欄に入力します。［次へ］を🖱左クリックします。

> 印刷したい内容だけ入力。姓と名の間にはスペースを入れる

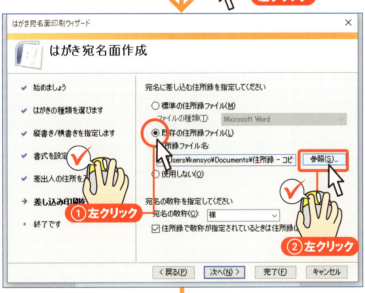

2 宛先を指定する

宛先には、エクセルの住所録ファイルを指定します。［既存の住所録ファイル］に🔼を合わせて🖱左クリックします。続けて［参照］を左クリックします。

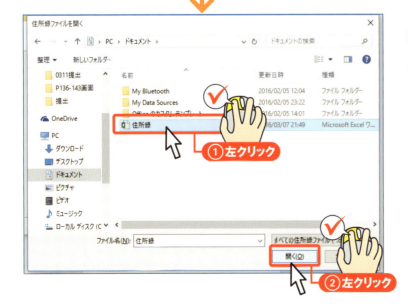

3 住所録ファイルを選ぶ

［住所録ファイルを開く］ダイアログボックスが開きます。
住所録のファイルが保存されたフォルダー（ここでは「ドキュメント」）を開きます。住所録ファイルを選んで、［開く］を🖱左クリックします。

ウィザードを終了する

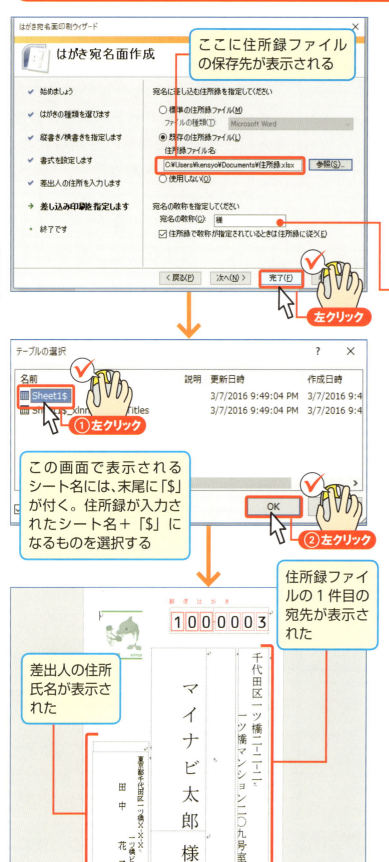

1 敬称に「様」を選ぶ

［住所録ファイル名］の欄に、選択した住所録ファイルの保存先が表示されます。
続けて敬称が「様」になっていることを確認して、［完了］を 左クリックします。

［様］以外のときは を左クリックし、一覧から［様］を左クリックする

2 エクセルのシートを選ぶ

P.139 手順2で指定したエクセルのファイルの中で、住所録の表が入力されたシート（ここでは[Sheet1$]）を 左クリックして、［OK］を左クリックします。

3 はがきの宛名面が完成した

住所録の1件目の宛先が表示されます。これで、はがきの宛名が住所録から1件ずつ順番に印刷されるように設定できました。差出人の住所氏名も表示されています。

宛先を1件ずつ確認する

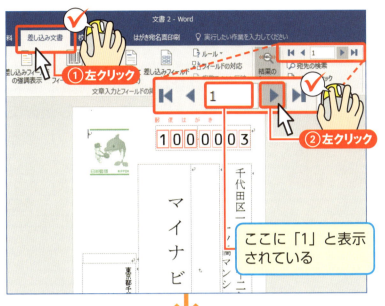

1 次の宛先に移動する

印刷する前に、エクセルの住所録ファイルに入力された宛先を順に表示して確認しましょう。[差し込み文書]タブの[結果のプレビュー]グループには、「1」と表示されています。これは、1件目のデータが表示されているという意味です。▶を左クリックします。

2 2件目の宛先が表示

住所録に入力された2件目の宛先が表示されます。「2」と表示されることを確認しましょう。これを繰り返すと、各宛先が印刷されるレイアウトを順番に確認できます。

Column

宛先を移動するボタン

はがきの宛名面に表示する宛先は、[結果のプレビュー]グループのボタンで移動できます。

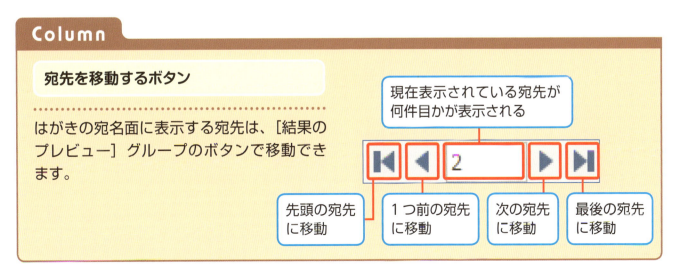

はがきの宛名面を印刷する

1 [完了と差し込み]を左クリック

はがきをプリンターに正しい向きでセットしておきます。[差し込み文書]タブの[完了]グループにある完了と差し込みを左クリックします。表示された一覧から[文書の印刷]を左クリックします。

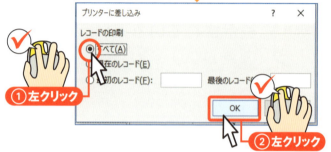

作成した宛名面のファイルを保存すると、次回そのファイルを開いたときにP.54 Pointのようなメッセージが表示されます。

2 [すべて]を選択

[プリンターに差し込み]ダイアログボックスが開きます。住所録に入力したすべての宛先をはがきに印刷する場合は、[すべて]を左クリックして選びます。[OK]を左クリックすると、はがきの宛名面の印刷が開始されます。

Column

文字の一部が欠けてしまったら？

表示された住所や氏名の一部が欠けてしまう場合は、フォントサイズを小さくしましょう。ここでは、住所のフォントサイズを縮小します。住所の文字全体を選択してから、表示されるミニツールバーで A を左クリックします。これでフォントサイズが1段階小さくなり、文字の欠けがなくなります。

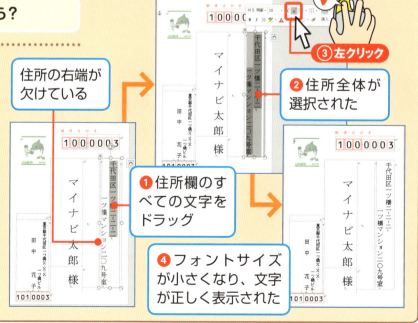

第1章 はがきに住所録の宛名を印刷しよう

Column

差出人の内容を編集するには？

差出人の住所や氏名をあとから書き換えたい場合は［はがき宛名面印刷］タブの［編集］グループにある 差出人住所の入力 を左クリックします。

［差出人住所の入力］ダイアログボックスが開いたら、内容を編集して［OK］を左クリックします。

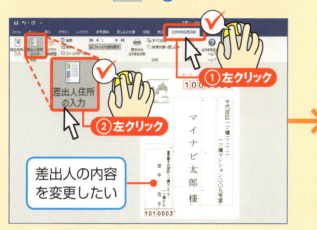

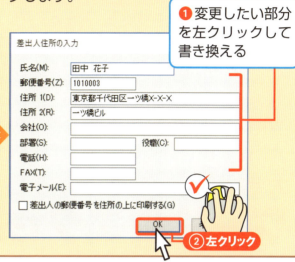

❶ 変更したい部分を左クリックして書き換える

Column

一部の宛先だけを印刷したい場合は？

住所録ファイルの宛先全員ではなく、一部の宛先を選んではがきを出したい場合は、P.142の代わりに次の手順で印刷しましょう。［はがき宛名面印刷］タブの［編集］グループにある 宛名住所の入力 を左クリックします。［差し込み印刷の宛先］ダイアログボックスが開いたら印刷しない宛先の ☑ を左クリックして、チェックを外します。［印刷］グループにある［すべて印刷］を左クリックすると、☑ の宛先だけが印刷されます。

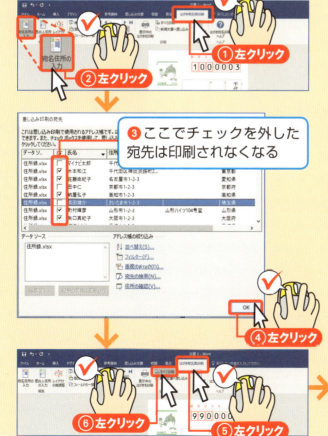

❸ ここでチェックを外した宛先は印刷されなくなる

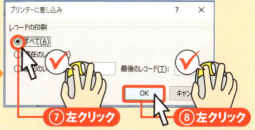

著者紹介

木村 幸子（きむら さちこ）
フリーランスのテクニカルライター。大手電機メーカーのソフトウェア開発部門にてマニュアルの執筆、編集に携わる。その後、PCインストラクター、編集プロダクション勤務を経て独立。主にMicrosoft Officeを中心としたIT系書籍の執筆、インストラクションで活動中。著書に「速効！図解 Excel 2016 総合版」「速効！図解 Word & Excel 2016（共著）」「エクセル・パワーポイント・ワード ビジネス活用の大原則」（いずれもマイナビ出版刊）など。
http://www.itolive.com

本書の内容に関する質問は、下記のメールアドレスまで、お送りください。電話によるご質問、本書の内容以外についてのご質問についてはお答えできませんので、あらかじめご了承ください。
メールアドレス　book_mook@mynavi.jp
本書の追加・正誤情報サイト
https://book.mynavi.jp/supportsite/detail/9784839958350.html

大きな字だからスグ分かる！
ワード＆エクセルかんたん入門

2016年4月27日　初版第1刷発行

著　者	木村 幸子
発行者	滝口 直樹
発　行	株式会社 マイナビ出版
	〒101-0003　東京都千代田区一ツ橋2-6-3
	一ツ橋ビル2F
	TEL 0480-38-6872（注文専用ダイヤル）
	TEL 03-3556-2731（販売部）
	TEL 03-3556-2736（編集部）
	URL http://book.mynavi.jp

デザイン・本文イラスト	西嶋 正
DTP	西嶋 正
表紙カバーイラスト	あおのなおこ
印刷・製本	シナノ印刷 株式会社

©2016 Sachiko Kimura, Printed in Japan.
ISBN978-4-8399-5835-0

- 定価はカバーに記載してあります。
- 乱丁・落丁本はお取り替えしますので、TEL 0480-38-6872（注文専用ダイヤル）
  もしくは電子メールsas@mynavi.jpまで、ご連絡ください。
- 本書は、著作権上の保護を受けています。本書の一部あるいは全部について、著者および発行者の許可を得ずに無断で複写、複製することは禁じられています。